アビリティ物理
量子論と相対論

飯島　徹穂・佐々木　隆幸・青山　隆司／著

共立出版株式会社

まえがき

　本書は，理工系大学・短大の初学年生向けの量子論・相対論の教科書ないしは参考書として書かれたものである。本書は，前半と後半に分けて，前半は量子力学への橋渡しとして量子とは何かということから原子構造と光のスペクトル，シュレーディンガーの1次元波動方程式までを解説し，後半は相対性理論への橋渡しとして相対論の考え方から特殊相対性理論までを解説した。

　なぜ本書で量子論と相対論を取り上げたのか。それは大学初学年生が習得すべき現代物理としては量子論と相対論の2分野が最も重要だからである。

　量子論の成果は身近なレーザポインターや光ファイバーケーブルの光源に用いられている半導体レーザ，超伝導や超流動現象，さらには最近話題になっている量子コンピュータに使われている。これらを理解するには量子力学の力を借りなければならない。一方，相対論の成果は，身近なカーナビ技術や原子力発電などに使われている。また宇宙の構造，およびその中に存在する天体が引き起こす諸現象の解明，さらには宇宙そのものに対する理解も相対論抜きには語れない。今後は，人工衛星や宇宙ステーションなどとの通信にも相対性理論の成果が利用され，ますます身近な学問となってくるだろう。

　本書を執筆するにあたり配慮した点は次のような事項である。

1) 重要な物理用語には英訳をつけ脚注で簡単な解説をした。
2) 理解するのに必要となる物理用語，単位の換算，数学公式はすぐそばの囲み記事で説明した。その他，物理法則や数学公式は巻末に付録として載せた。
3) 可能な限り図形やグラフを多用し，理解が深められるようにした。
4) 内容の理解を手助けするために，可能な限り例題や問を設けた。
5) 本文での数式の取り扱いは三角関数や簡単な常微分方程式の範囲までとし，偏微分などは用いなかった。

以上のようなことを配慮して執筆された本書が読者の学習の一助になれば，著者の最良の喜びである．

　なお，内容，文章表現などで不十分な点，理解しにくい個所も多々あるかと思われるが，読者各位のご批判，ご教示をいただき，改訂していきたいと思う．

　終わりに，本書の出版にお骨折りいただいた共立出版（株）企画課長の石井徹也氏に心から感謝申し上げる．

2002 年 10 月

著　者

目　次

❖ 量子論

プロローグ 1

第1章　先端技術に見る量子論
1.1　超伝導 7
1.2　超流動 10
1.3　レーザ 10

第2章　光の粒子性と電子の波動性
2.1　プランクの熱放射 13
2.2　光電効果 18
2.3　コンプトン効果 23
2.4　ド・ブロイ波 26
2.5　不確定性原理 29

第3章　原子構造
3.1　原子模型 33
3.2　原子スペクトルとボーアの原子模型 37
3.3　ボーアの水素原子の理論 41
3.4　一般の原子のエネルギー準位 44
3.5　フランク・ヘルツの実験 47

第4章　波動方程式
4.1　波動方程式の導出 51
4.2　シュレーディンガーの波動方程式の計算例 ... 56

❖ 相対論

プロローグ 69

第5章　先端技術に見る相対論
5.1　カーナビ（GPS） 71
5.2　原子力発電 73

第6章　特殊相対性理論
6.1　光の速度 75
6.2　時間 79
6.3　ローレンツ変換 85
6.4　速度の合成則 89
6.5　運動量と質量 92
6.6　質量とエネルギー 96
6.7　特殊相対性理論から一般相対性理論へ 99

付録A　キルヒホッフの法則 103
付録B　量子仮説 105
付録C　資料集 107
　　1. ギリシャ文字とその読み方，2. 物理定数表，3. 国際単位系（SI）
付録D　数学公式集 111
　　1. 代数，2. 三角法，3. 微分，4. 積分，5. 近似式
解　答 115
参考文献 117
索　引 119

量子論 ── プロローグ

　1824年頃イギリスでコークスを燃料にした熱風高炉製鉄法が発明されてから，製鉄工業が急速に発達した。この製鉄工業が量子の世界を開花するきっかけになったのである。当時，鉄が溶けるような高い温度を測定する温度計がなく，溶鉱炉内の温度を測定するために，どの温度でどんな色を出すのかを知る必要があった。

写真提供：岩手製鉄（株）

　一般に，物体を高温に熱すると，物体は赤色の光を放射する。さらに熱し続けると青白色の光を放射するようになる。これは熱放射と呼ばれ，その温度と放射光エネルギーの関係がくわしく調べられた。小さい孔をもった溶鉱炉のような空洞物体での熱放射の実験値を次ページの図1に示す。

　最初に，ウィーン（W. Wien）がこの熱放射の実験値を説明するための関係式を導いた。実験値では周波数が中ほどのところにピークがあるが，小さいほど，あるいは大きいほどエネルギーがゼロに近づいていることを考慮して理論式を作った。その式は，光が空洞内に作る定在波の単位体積当たりの個数と，定在波がもつ平均的なエネルギーの積として表された。式は周波数が高いところでは実験値とよく合った。しかし，周波数の低いところでは一致しなかった。

　ウィーンはこの式の物理的な意味として，熱平衡状態にある空洞内部では無数の光の定在波が存在していて，「それが分子のように振る舞うのではないか」と考えた。ウィーンのこの粒子的な考え方は，「光は波以外の何者でもない」と信じられていた当時には，容易に受け入れられなかった。

　そこで，レーリー（J. Rayleigh）とジーンズ（J. H. Jeans）は，この熱放射

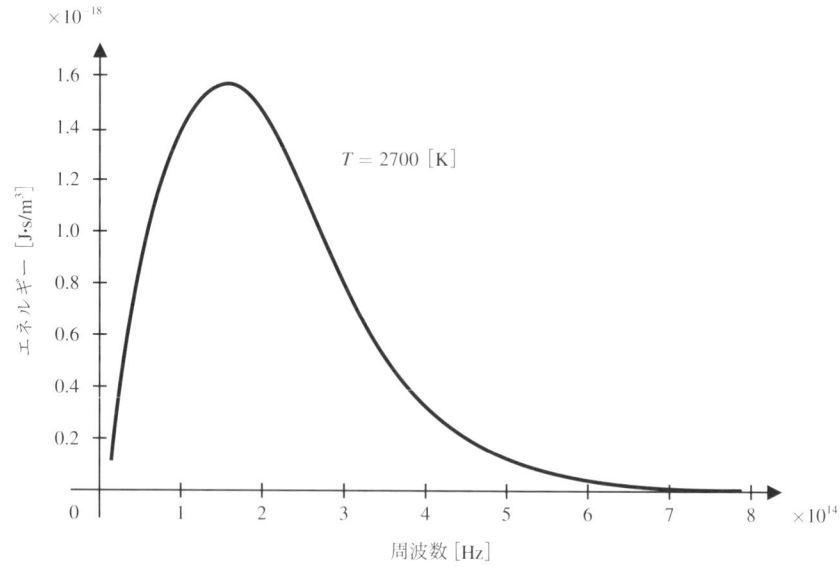

図1　温度と放射光エネルギーの関係

を説明するために「光は波である」ということから出発した。**統計熱力学**[1]の正統な考え方である**エネルギー等分配の法則**[2]を適用し，周波数の高・低に関係なく，空洞内すべての定在波に対して同じ大きさのエネルギーが分配されると考え，理論式を作り上げた。

その式は，周波数が低いときは実験値とよく一致した。しかし，周波数が高くなるに従い，エネルギーが無限大に発散してしまう結果になり，実験値と矛盾した。

光が波である限り，周波数を制限する理由は電磁気学からいくら探しても出てこない。逆に電磁気学ではいくらでも高い周波数の定在波が空洞内に存在してもよいことになっている。

---

1. 統計熱力学（statistical mechanics）：日常手に触れる物体は膨大な個数の原子・分子の集合体である。物体の性質はこれらの粒子の集団の性質として理解される。物体の性質を調べるのに統計的手法を用いた学問である。たとえば，物体の温度は原子・分子の運動エネルギーの平均値として理解される。
2. エネルギー等分配の法則（law of equipartition of energy）：絶対温度 T で熱平衡にある膨大な個数の粒子集合体において，各粒子に各軸ごとに $\frac{1}{2}kT$ のエネルギーが等分配される。3次元では $\frac{3}{2}kT$ となる。質量の大小にかかわらず，各粒子がそれぞれ等しい運動エネルギーをもつ。

これまで絶対に正しいと考えられていた「力学」や「電磁気学」そして「統計熱力学」を用いるだけでは，温度と放射光エネルギーの関係をうまく説明することができなかった。

　そして，プランク（M. Plank）が熱放射の式として

$$E(\nu, T) = \frac{8\pi\nu^2}{c^3} \cdot \frac{h\nu}{e^{\frac{h\nu}{kT}} - 1} \quad (h：プランク定数)$$

を提唱した。この式は，すべての周波数において実験値とよく一致した。

　それでは，この式の $\dfrac{h\nu}{e^{\frac{h\nu}{kT}} - 1}$ が物理的に何を意味しているのかである。式を変形すると

$$\frac{h\nu}{e^{\frac{h\nu}{kT}} - 1} = h\nu \sum_{n=1}^{\infty} e^{-\frac{nh\nu}{kT}} = \frac{\sum_{n=0}^{\infty} nh\nu \cdot e^{-\frac{nh\nu}{kT}}}{\sum_{n=0}^{\infty} e^{-\frac{nh\nu}{kT}}}$$

$$= \frac{（エネルギー）\times（相対確率）の和}{（相対確率）の和}$$

となる[3]。つまり，光のエネルギーは，連続的な値ではなく，本質的には

　　$0, h\nu, 2h\nu, 3h\nu, \cdots$

という離散的な値，つまりとびとびの値であることを自然界が示しているのである。このとびとびの値が「量子」の導入を必要とし，その後の原子・分子の世界における「量子」の始まりとなった。

量子とは

物理量がある基本量の整数倍の値しかとれないとき，その基本量のことを量子（quantum）という。

---

[3] 相対確率（relative probability）：過去20年の記録によると，1月1日の天気が晴れ14日，曇り4日，雨1日，雪1日であるとき，晴れの確率14，曇りの確率4，雨の確率1，雪の確率1というのが相対確率である。
　これに対して，全確率が1になるように表した確率，つまり晴れの確率7/10，曇りの確率1/5，雨の確率1/20，雪の確率1/20というのが絶対確率である。

なお，プランクの式において，$e^{\frac{h\nu}{kT}} \gg 1$とするとウィーンの式が得られ，離散的な和$h\nu \sum_{n=1}^{\infty} e^{-\frac{nh\nu}{kT}}$を連続的な積分$h\nu \int_0^{\infty} e^{-\frac{nh\nu}{kT}} dn$に置き換えるとレーリーとジーンズの式が得られる。

さらに，1800年代後半から1900年代初頭にかけて量子力学の誕生の端緒となった重要な現象が見つかった。金属に光を当てると，その光を吸収して電子が飛び出すというものである。この現象を光電効果と呼び，飛び出す電子を光電子[4]と呼ぶ。この現象も「力学」や「電磁気学」などの従来の物理学では説明することができなかった。

光電効果の測定結果を整理すると次のようになる（図2参照）。当てる光の振動数がある値より小さい場合には，どんなに強い光を当てても電子は出

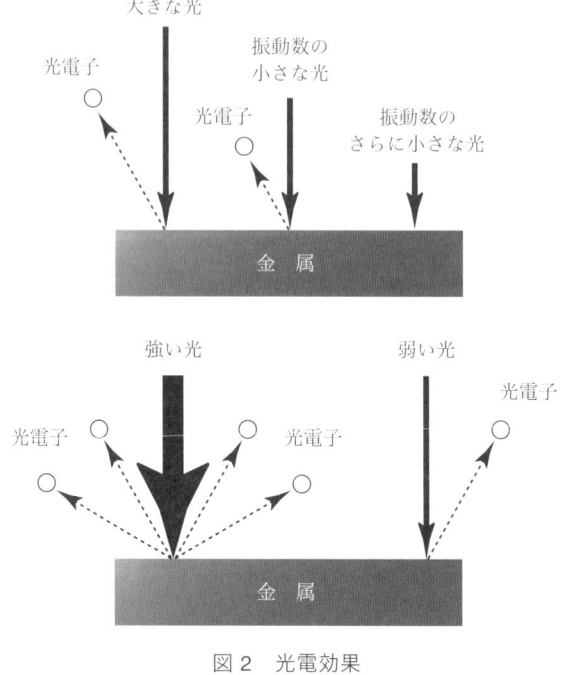

図2　光電効果

---

4. 光電子（photoelectron）：光電効果によって放出された電子。

ない。逆に，当てる光の振動数がその値より大きい場合には，弱い光でも電子は瞬間的に飛び出す。また，光の強さを大きくすると，飛び出す電子の数が増す。これらの実験事実は，光を波動と考えたのでは説明できない。

波動説では光は光源を中心として球面波の形で伝わり，光のエネルギーも球対称に広がると考えられる。したがって波動説で電子が飛び出すまでの時間を求めると時間がかかりすぎるのである。

たとえば，単一波長 500 [nm] で放射する 1 [W] の光源から 1 [m] の距離に置いてある Cs（セシウム）に光を照射する。セシウム原子の断面積を 10^{-20} [m^2] とし，また光電効果で飛び出す電子は原子 1 個から出ると仮定して，波動説で電子が飛び出すまでの時間を求めると約 4 分になる。

さらに古典物理学によれば，波動のエネルギーは振幅の 2 乗と振動数の 2 乗に比例する。したがって，光のエネルギーを増大させるためには，振幅を大きくしても，振動数を大きくしてもよいはずである。ところが，光電効果を起こす光の振動数には限界があって，それより小さい振動数では起こらないというのである。これは光のエネルギーが振動数だけで決まることを意味する。

このように光電効果の現象は古典物理学では説明できない。そこで，アインシュタイン（A. Einstein）[5] は，「物体が振動数 ν の光を吸収・放出する際にやりとりされるエネルギーは常に $h\nu$ の整数倍に等しい」というプランクのエネルギー量子の考え方を取り入れ，光子説を提唱した。すなわち，光は光子という粒子の集まりで，1 個の光子のもつエネルギー E は，その光の振動数を ν とし

$$E = h\nu$$

で表される。ただし，h はプランク定数である。

光子説によると，光電効果は次のように説明される。1 個の光子のエネルギーの全部が 1 個の電子に与えられ，光が強いか弱いかは問題でなく，1 個の光子のエネルギーが電子の飛び出すのに必要なエネルギーより大きけれ

---

5. 1879 – 1955。理論物理学者。南ドイツに生まれた。1905 年光量子仮説，ブラウン運動の理論，特殊相対性理論を発表した。1915 年一般相対性理論を完成した。1921 年数理物理学への功績，特に光電効果の法則の発見でノーベル物理学賞を受けた。

ばよい。また，光電子の数に関することであるが，光が強いというのは光子の数が多いということであると考えると，光を強くすると光電子が増えることが容易に理解される。

このように，光子説を使うと光電効果の性質がたいへんうまく説明できるのである。

第1章
先端技術に見る量子論

写真提供：JR 東海

量子現象は身のまわりで実際に使われている。たとえば超伝導（電力貯蔵，超伝導発電，リニアモーターカー），レーザ（光ファイバー通信，レーザ医療），STM（走査型トンネル顕微鏡），MRAM（磁気メモリ）などである。これらの先端技術のもとになる理論である量子力学は重力場の力学のように直接目に見えず，手に触れることができず，概念的に理解しようと思ってもわれわれの常識からかけ離れているため，理解をますます困難にしている。数式から理解しようとしても，高度な数学の知識が必要になり，これまた難しい。これらの中で超伝導，超流動，レーザはミクロな系での出来事（量子の世界）が，直接巨視的な，つまりマクロな系にたまたま現れる珍しい例である。ここでは超伝導，超流動，レーザを取り上げ，実際的な技術の中での量子現象との関わり合いを学習しながら量子論を理解するための一助としたいと思う。

1.1 超伝導[1]

1908 年，オランダのオンネス（H. Kamerlingh-Onnes）は，液化できない気体として最後まで残っていたヘリウム（^{4}He）の液化に成功し，極低温物理学の道を開拓した。1911 年，オンネスは 1 気圧のもとで 4.2 [K]（ケルビン）で水銀の電気抵抗が異常に小さくなり，突然消えてしまうことを見出した。すなわち，ある温度（転移温度）以下では電気抵抗の変化が不連続であるということである（図 1.1 参照）。いわゆる超伝導現象の発見である。この発見

---

1. 超伝導（superconductivity）：金属，合金，化合物に見られる性質で，絶対零度近くで電気抵抗がゼロになること。

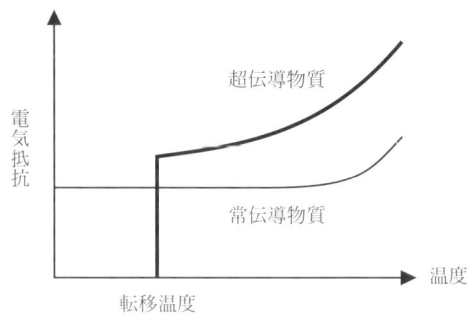

図1.1 常伝導物質と超伝導物質の電気抵抗と温度の関係

によりオンネスはノーベル物理学賞を授与されている。

通常の導電物質（常伝導物質）では，電子の運動が金属イオンの**格子振動**[2]や格子欠陥により散乱を受けるため電子が自由に流れることができない。これが電気抵抗となる。金属では温度が低くなると電気抵抗も小さくなる。これは格子振動が小さくなるためと考えられている。

しかし，超伝導物質では電気抵抗がゼロになる。この理由は次のように説明されている。格子振動によって失われた電子のエネルギーがもう一つ別の電子を加速すると考えると，二つの電子のエネルギー損失はゼロとなる。電子はそのままのスピードで運動でき，電気抵抗がなくなるのである。このような電子のペア（クーパー対）を考えることで，電気抵抗がゼロになるという説明ができる。クーパー対の集団運動により運ばれる電流はオームの法則に従う電流とは異なった性質を示す。

この理論は1957年アメリカのバーデン（J. Bardeen），クーパー（L. N. Cooper），シュリーファー（J. R. Schrieffer）によって提唱され，BCS理論と呼ばれている。

超伝導物質であるかないかは電気抵抗がゼロになっただけでは不十分で，**マイスナー効果**[3]と呼ばれる現象を確認する必要がある。マイスナー効果は1933年，ドイツのマイスナー（W. Meissner）とその弟子オクセンフェルド

---

2. 格子振動（lattice vibration）：結晶格子中の原子がその平衡位置のまわりで周期的に振動すること。
3. マイスナー効果（Meissner effect）：物質が超伝導状態に移るとその内部から磁束を締め出すこと。

（R. Ochsenfeld）によって発見されたもので，超伝導状態になると磁束が超伝導物質に侵入できなくなる現象である（これを完全反磁性という）。そのため超伝導物質を強力な磁石の上に置くと，反発力によって浮き上がってしまう。この現象は電気抵抗ゼロの性質とは独立した現象で，超伝導の基本的な性質である。磁界中に常伝導物質と超伝導物質を置いたときの磁界の違いを図 1.2 に示す。

超伝導体には大きく分けて 2 種類がある。液体ヘリウム温度 4.2 [K] で超伝導状態が実現できる金属系のものと，液体窒素温度 77.4 [K] で超伝導状態が実現できるセラミック系のものである。現在，最高の高温超伝導体の臨界温度は Hg 系酸化物の 135 [K] である。

このような超伝導現象の応用として，時速 552 [km] を記録した車輪のない磁気浮上式リニアモーターカーがある。リニアモーターカーは超伝導コイルの反発力により浮き上がっているので，摩擦もなく静かに走ることができる。日本では 1991 年から実験が開始されている。

超伝導ではいったん電流を流すと永久に電流を流すことができるため，この原理を利用して電力を効率よく貯蔵することも可能になる。また，磁界の小さな変化を利用して人体の内部を調べることのできる装置が核磁気共鳴画像診断装置 (MRI) である。今まではこの装置には大きな磁石が必要であったが，超伝導磁石を使用することにより安定に高磁場を作ることができ，人体の内部をはっきりと見ることができるようになった。その他，超伝導を利用したさまざまな研究がさかんに行われている。

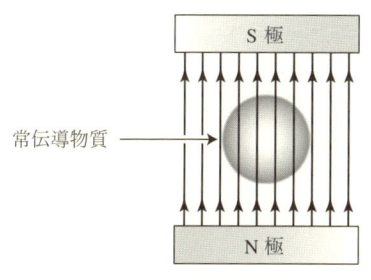 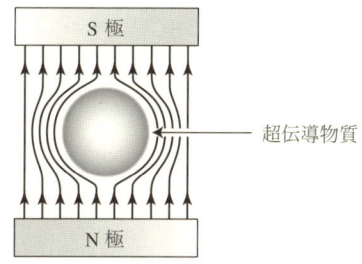

(a) 通常の状態　　　　　　(b) 超伝導状態（マイスナー効果）

図 1.2　磁界中に常伝導物質と超伝導物質を置いたときの磁界の変化

1.2 超流動

超流動[4]とは，液体の粘性抵抗がゼロになった状態である．1938年にカピッツァ（P. L. Kapitsa）により発見された．液体ヘリウムは 2.17 [K] 以下では細い毛細管内を自由に流れたり，図 1.3 に示すように，容器に入れた液体ヘリウムが 100 分子層程度の薄い表面膜を作って容器の壁をよじ登り勝手に漏れ出したりする．さらに，普通の液体では決して通れないようなきわめて狭い隙間からも流れ出るといった状態になる．このような現象は従来の物理学（統計熱力学，流体力学）では説明できず，量子統計力学の知識を借りなければならない．

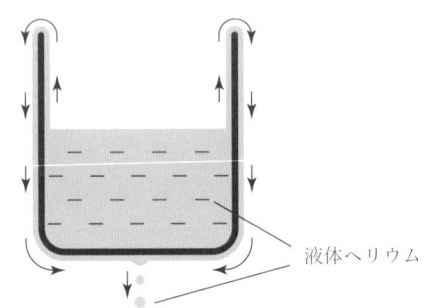

図 1.3　容器に入れた液体ヘリウム

1.3 レーザ

レーザ光は，位相がそろい，指向性がよく，大きい強度をもち，遠くまで減衰しないので，遠距離間の測定や光通信などに利用されている．

レーザの種類には固体，液体，気体，半導体レーザがあるが，特に半導体レーザは，小型で軽量，高効率，低電圧での動作，電流で直接に変調可能，単価が安い，長寿命などの特徴があり，光通信，計測，情報分野など広い応用分野がある．半導体レーザは CD や MD には波長 780 [nm] 付近の赤外線のレーザ光が，DVD には波長 650 [nm] 付近の赤色のレーザ光が利用されている．最近では半導体レーザで緑色や紫色のレーザ光も開発されている．

レーザ光は，通常の照明などに用いられている白熱ランプ，蛍光灯，水銀灯などの光と比較するとかなり異なった性質をもつ，人類が人工的に作った特殊な光である．このような従来にない光源であるレーザはどのようにした

---

4. 超流動（superfluidity）：絶対零度のごく近くの温度での直径 10^{-7} [cm] 程度の小さな穴を通る摩擦のないヘリウムの流れ．

ら得られるのであろうか。

レーザ（LASER）は，Light Amplification by Stimulated Emission of Radiation の頭文字を集めて作った造語で，日本語に訳せば"誘導放出による光の増幅"という意味である。

エネルギー差が $h\nu$ である上下二つの準位 E_1, E_2 があり，上の準位 E_2 に電子が存在するときにエネルギー $h\nu$ の光子が入射すると（図 1.4 参照），これにつられてその光子と位相の等しい光子が放射されることが，量子力学の計算から知られている。これを **誘導放出**[5] という。

そこで，寿命が長く，高いエネルギー準位に励起された原子の数を多くしたレーザ媒質の両端に反射鏡を置き，一方の反射鏡の反射率を 100％ とし，もう一方の反射鏡（レーザの出力を取り出すためにわずかな透過率をもたせてある）との間で反射を繰り返し，共振によって増幅（光共振器）させると，位相と方向のそろった強い光が放射される。これがレーザ光である。

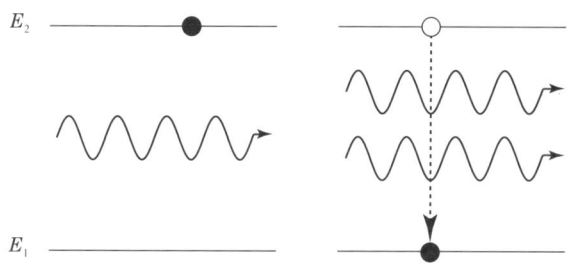

図 1.4　誘導放出

---

5. 誘導放出（stimulated emission）：原子や分子が入射光と相互作用したときに，入射光と同じ周波数をもって電磁波が放出される現象。

第2章
光の粒子性と電子の波動性

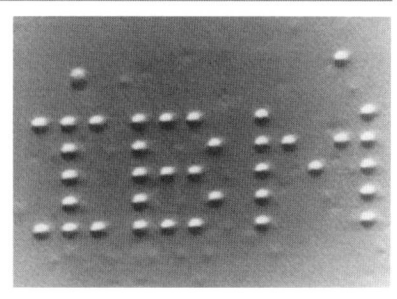

写真提供：日本 IBM

力学や電磁気学，そして熱力学などの物理学が 20 世紀初頭に完熟したように見えた。ところが，まだ明確にされてない現象を詳細に調べてみたら，それまでの物理学では説明できない事実がいくつか明らかになってきた。光のエネルギーがとびとびのエネルギー量で授受されるという事実，また回折・干渉や偏光などの現象から波動であるとされていた光が粒子のように振る舞うという事実，そして粒子であるとされてきた電子が波動的な性質をもつという事実などである。この章では，光のエネルギーがとびとびの値であること，光が粒子的な性質をもつこと，電子が波動的な性質をもつことについて学ぶ。

2.1 プランクの熱放射

溶鉱炉の中で鉄を高温に熱すると，鉄は赤色の光を放射する。さらに熱すると青白色の光を放射するようになる。他の物体でも同様に，加熱するに従い，そのときの温度に応じた色の光を放射する。また身近にあるロウソクの炎でもそれを知ることができる。ロウソクの内炎は温度が低く黄色い炎であるが，外炎は温度がより高く青白い炎である。

このように物体が熱せられると，そのときの温度で定まる光が物体から放射される。この現象を

M. Plank

熱放射[1]と呼ぶ。熱放射で放射される光の色を調べることで，その物体の温度を知ることができ，工業的にも利用価値がある。

熱放射で放射される光の周波数は広範囲に広がっている。したがって，熱放射は，横軸を光の周波数または波長，縦軸を光のエネルギーとするグラフに表すと考えやすい。このグラフは放射光の周波数ごとのエネルギー分布を示すことになる。温度が変化すると，放射光のエネルギー分布も別のパターンに変わる。ところが，物体の温度が同じでも，物体の種類が変わることによって，そのエネルギー分布が違ってくる。そのため，放射される光の色も変化してしまう。

そこで，温度と放射光のエネルギー分布の普遍的な関係を知るためには，理想的な物体を探さなければならない。そのヒントになった法則が「物体が光を放射する強さと吸収する強さの比率は，周波数だけで決まり，物体には依存しない」というキルヒホッフ（G. R. Kirchhoff）の放射法則[2]である（付録A「キルヒホッフの法則」を参照）。つまり，光をよく吸収する物体は，それと同じ周波数の光をよく放射するということである。したがって，すべての周波数の光をよく放射する物体はすべての周波数の光をよく吸収する物体であるということになる。

すべての周波数の光をよく吸収する物体として，小さな孔をもち，しかも光のエネルギーを透過しない物質で作られた空洞物体（黒体[3]）がある（図 2.1 参照）。小孔から入射した光は空洞の内壁で反射を繰り返すが，再び孔から外に出ることはほとんどないので，光が完全に物体に吸収されたとみなすことができる。

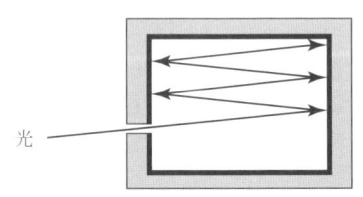

図 2.1　小孔をもつ空洞

この空洞をある温度に加熱し，小孔から放射される光のエネルギーを測定することで，温度と放射光のエネルギー分布の普遍的な関係を知ることができる。その測定例を図 2.2 に示す。横軸は光の周波数［Hz］，縦軸は光のエ

---

1. 熱放射（thermal radiation）：熱せられた物体がその温度に応じて電磁波を放射する現象。
2. キルヒホッフの放射法則（Kirchhoff's law of radiation）：ある周波数の光をよく放射する物体は同じ周波数の光をよく吸収するという法則。
3. 黒体（black body）：入射するすべての周波数の光を吸収する理想的な物体。

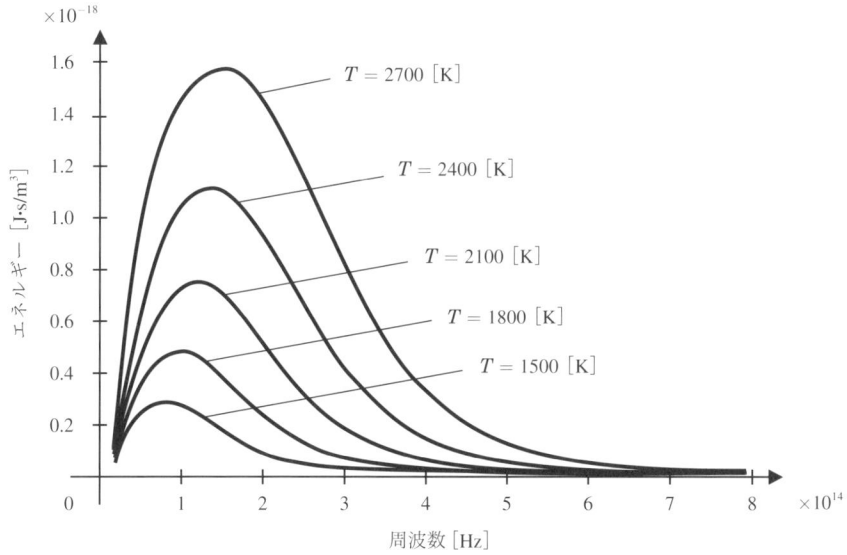

図 2.2 温度による放射光のエネルギー分布

ネルギー [J・s/m³] で，5 種類の温度での測定例である．高温になるほど，エネルギー分布のピーク周波数が高くなることがわかる．

プランクは，このエネルギー分布と一致する理論式を導出した．その式は，温度（ここでは**絶対温度**[4] とする）T における周波数 ν の光のエネルギーを $E(\nu, T)$ とすると

$$E(\nu, T) = \frac{8\pi\nu^2}{c^3} \cdot \frac{h\nu}{e^{\frac{h\nu}{kT}} - 1}$$

ただし

c：光速度
h：6.626×10^{-34} [J・s]
k：ボルツマン定数[5]

である．この式を **プランクの熱放射式** という．

---

4. 絶対温度（absolute temperature）：理論的に考えられる最低温度を 0 度とする熱力学的温度．単位は [K] でケルビンと読む．摂氏温度 t [℃] は絶対温度では $t + 273.15$ [K] である．
5. ボルツマン定数 （Boltzmann constant）：気体定数をアボガドロ数で割ったもの．値は 1.38×10^{-23} [J/K]．

この式には従来にない重要な仮説が含まれている。それは「空洞の壁を構成する分子・原子と振動数 ν の光がエネルギーを授受するとき，$h\nu$ を最小単位とし，その整数倍の塊で授受が行われる」という仮説（付録 B「量子仮説」を参照）である。定数 h は**プランク定数**[6]といわれ，その値は 6.626×10^{-34} [J・s] である。また $h\nu$ を周波数 ν の**エネルギー量子**[7]という。これが量子論の第一歩となる。

エネルギーの離散化

光のエネルギーはとびとびの量で授受される。周波数 ν の光の最小エネルギーは $h\nu$ で，その整数倍 $1h\nu, 2h\nu, 3h\nu, \cdots, nh\nu, \cdots$ を塊として，物質との間で授受が行われる。

例題 2.1

プランクの熱放射式を周波数表示から波長表示に変形し，極大波長 $\lambda_{\max}$ を求めると，$\lambda_{\max}\cdot T \approx 2.9\times 10^{-3}$ [m・K]（ウィーンの変位則）の関係を得る。

太陽光の放射エネルギーはスペクトル分析から波長が約 500 [nm] 程度のところで最大となる。上述の関係式を用いて太陽の表面温度を概算せよ。

例解

500 [nm] $= 500\times 10^{-9}$ [m] であるから，ウィーンの変位則に代入して

$$T = \frac{2.9\times 10^{-3}}{500\times 10^{-9}} = 5800$$

よって，表面温度は 5800 [K] と求まる。

このことから，光の色つまり周波数あるいは波長を測定することで，その物体の温度を推定することができるようになる。

---

[6] プランク定数（Plank constant）：6.626×10^{-34} [J・s]。通常 h と書く。
[7] エネルギー量子（energy quantum）：エネルギーの最小単位。周波数 ν の光のエネルギー量子は $h\nu$ [J]。

2.1 プランクの熱放射

例題 2.2

プランクの熱放射式を全周波数範囲で定積分した結果が，絶対温度の 4 乗に比例することを導け。ただし，$\int_0^\infty \frac{x^3}{e^x-1}dx = \frac{\pi^4}{15}$ である。

例解

プランクの熱放射式 $E(v,T) = \frac{8\pi v^2}{c^3} \cdot \frac{hv}{e^{\frac{hv}{kT}}-1}$ の全周波数範囲での定積分 w は

$$w = \int_0^\infty E(v,T)dv = \int_0^\infty \frac{8\pi h}{c^3} \cdot \frac{v^3}{e^{\frac{hv}{kT}}-1} dv$$

であるから，$x = \frac{hv}{kT}$ とおくと

$$w = \frac{8\pi k^4 T^4}{h^3 c^3} \int_0^\infty \frac{x^3}{e^x-1} dx = \frac{8\pi^5 k^4}{15 h^3 c^3} T^4 \quad [\text{J/m}^3]$$

となる。よって w は絶対温度 T の 4 乗に比例する。

なお，この結果に $\frac{c}{4}$ を乗ずると，単位面積当たり単位時間に放射されるエネルギーとなる。これは「単位面積当たり単位時間に放射されるエネルギーは絶対温度の 4 乗に比例する」というステファン（J. Stefan）・ボルツマン（L. E. Boltzman）の法則と一致する。

問 2.1 タングステン電球のフィラメント温度が 2600 [℃] であるとき，電球が放射するエネルギーが最大となる放射光の波長はいくらか。

問 2.2 周波数 10^9 [Hz] のマイクロ波および 10^{14} [Hz] の可視光線のエネルギー量子はそれぞれ何 [eV] か。ただし，プランク定数 h を 6.63×10^{-34} [J·s]，電子の電荷を -1.60×10^{-19} [C] とする。

単位 [eV] とは
　電子が電位差 1 [V] の 2 点間で加速されたとき得る運動エネルギーを 1 [eV]（エレクトロンボルト，電子ボルト）という。
　1 [eV] = 1.60×10^{-19} [J]

2.2 光電効果

金属の表面に光を照射すると，図 2.3 のようにその表面から電子が飛び出る。この現象を **光電効果**[8] といい，飛び出た電子を **光電子** という。光電効果を応用したものに CCD（Charge Coupled Device，電荷結合素子の意味）がある。これはデジカメに使用されている。

© SONY

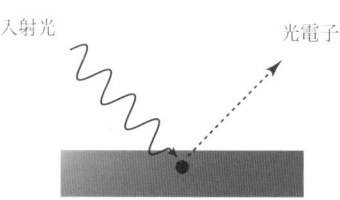

図 2.3　光電効果

光電効果の特徴は次の 3 点にまとめられる。

1) 金属によって定まる特有の周波数より高い周波数の光をその金属に照射すると，弱い光であっても光電子がすぐに飛び出る。この周波数を限界周波数という。反対に，限界周波数以下のときは，光の強さがどんなに強くても光電子は飛び出ない。

2) 光電子の運動エネルギーの最大値は，照射した光の強さには無関係で，周波数だけで決まる。しかも，光の周波数が高くなるに従い，光電子の運動エネルギーの最大値は直線的に大きくなる。

3) 照射する光の周波数が一定であるとき，飛び出る光電子の個数は照射する光の強さに比例する。

この光電効果を説明するために，アインシュタインはプランクのエネルギー量子の考えをさらに発展させ，周波数 ν の光はエネルギー $h\nu$ をもつ粒子の流れであると考える。光は空間的に広がった波ではなく，局限的な粒子として振動し伝わるものであり，吸収されるものであると考え，光電効果を

---

8. 光電効果（photoelectric effect）：物質が光を吸収して電子を放出する現象。

次のように説明した。このときの光の粒子を **光量子**[9]（または **光子**[10]）という。

1) 光電子が金属から外に飛び出すのに必要なエネルギー W を，光の周波数に換算して $h\nu_0$ とすると，周波数が ν_0 より低い周波数の光照射では光電効果が起こらない。W をその金属の **仕事関数**[11] という。例を表 2.1 に示す。

表 2.1　金属の仕事関数

金　属	仕事関数 W [eV]
リチウム	2.3
マグネシウム	3.6
銅	4.5
タングステン	4.6
金	5.3

2) エネルギー量子 $h\nu$ $(\nu > \nu_0)$ の光を金属に照射し，金属から飛び出る光電子の運動エネルギーの最大値 E は

$$E = h\nu - h\nu_0$$

と表すことができる。これを図 2.4 に示す。E と ν が比例していて，直線的である。

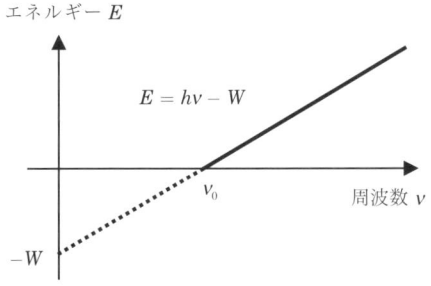

図 2.4　光の周波数と光電子のエネルギー

---

9. 光量子（light quanta）：光の粒子のことで，光子とよくいわれる。
10. 光子（photon）：光の粒子のこと。
11. 仕事関数（work function）：固体内の電子を，表面を通して外部に取り出すための最小エネルギー。

3) 光の強さは光子の個数に比例する。したがって，照射する光が強いほど飛び出る光電子の個数も多くなる。

光電効果を利用すると，実験的にプランク定数の値を求めることができる。金属から飛び出る光電子は，金属に対して正の電極に達することで，電流として測定される。その電極が負の電圧になると，放出された光電子が初速度をもっていても電極に達することができなくなり，電流が測定されなくなる。このことから，光の周波数に対するこの電圧を測りグラフを作る。そのグラフからプランク定数を実験的に求めることができる。これを以下の例題で調べてみる。

例題 2.3

ナトリウムの金属表面に波長 4×10^{-7} [m] の光を照射するとき，次の問に答えよ。ただし，ナトリウムの仕事関数を 2.2 [eV]，プランク定数を 6.63×10^{-34} [J·s]，電子の質量，電荷をそれぞれ 9.11×10^{-31} [kg]，-1.60×10^{-19} [C] とする。

(1) 放出される光電子の最大運動エネルギーは何 [J] か。
(2) 光電子の最大速度はいくらか。

例解

(1) （照射光の周波数）＝（光速度）/（照射光の波長）より周波数を求めると

$$\frac{3.00\times10^8}{4\times10^{-7}} = 7.5\times10^{14} \quad [\text{Hz}]$$

一方，光電子が飛び出るのに必要なエネルギー 2.2 [eV] を [J] 単位に換算すると

$$2.2\times1.60\times10^{-19} = 3.52\times10^{-19} \quad [\text{J}]$$

光量子 1 個のエネルギーと上のエネルギー差が，光電子の最大運動エネルギーになるから

$$h\nu - W = 6.63\times10^{-34}\times7.5\times10^{14} - 3.52\times10^{-19}$$
$$\approx 1.45\times10^{-19} \quad [\text{J}]$$

(2) 光電子の質量，速度がそれぞれ m [kg], v [m/s] であるとき，その運動エネルギーは $\frac{1}{2}mv^2$ であるから

$$\frac{1}{2}mv^2 = 1.45 \times 10^{-19}$$

よって，光電子の速度 v は

$$v = \sqrt{\frac{2 \times 1.45 \times 10^{-19}}{9.11 \times 10^{-31}}} \approx 5.6 \times 10^5 \quad [\text{m/s}]$$

となる。

例題 2.4

ナトリウムの金属表面に光を照射し，光電子による電流がなくなる電圧を測定したら次のようになった。

　(a) 照射光の波長が 254 [nm] のとき，電圧が 2.6 [V]
　(b) 照射光の波長が 436 [nm] のとき，電圧が 0.6 [V]

ただし，電子の電荷 e を -1.60×10^{-19} [C] とする。

(1) 横軸を照射光の周波数 ν，縦軸を電圧 V として，測定結果のグラフを作れ。

(2) グラフの勾配を求めて，プランク定数を求めよ。

(3) グラフが横軸を横切る周波数を求めて，ナトリウムの仕事関数 W を求めよ。

例解

(1) (照射光の周波数) = (光速度) / (照射光の波長) より周波数を求めて，グラフを作る (次ページの図 2.5 参照)。

(2) 光電効果による光電子のエネルギー E は

$$E = eV = h\nu - W$$

ゆえに

$$V = \frac{h}{e}\nu - \frac{W}{e}$$

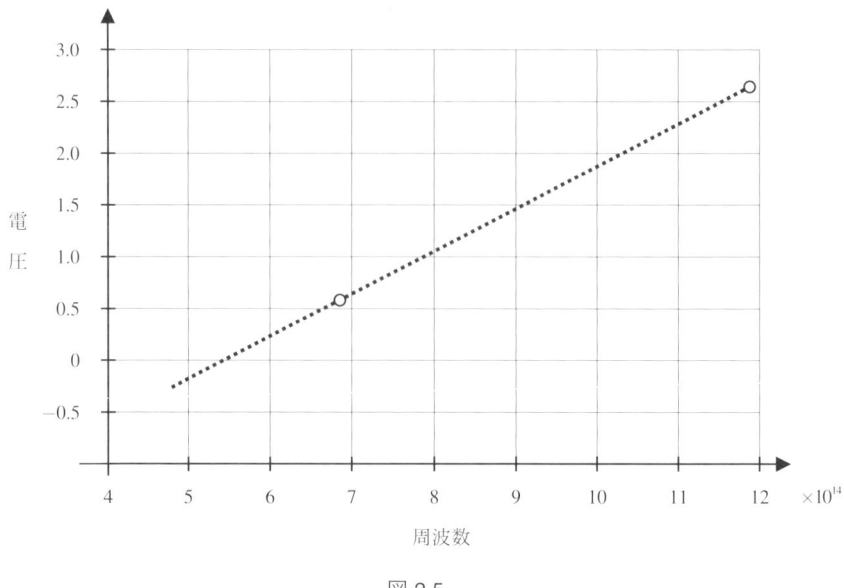

図 2.5

この直線の勾配 $\dfrac{h}{e}$ をグラフから求める。

$$\dfrac{2.6-0.6}{(1.181-0.688)\times 10^{15}}\approx 4.06\times 10^{-15}$$

これに光電子の電荷 $e=-1.60\times 10^{-19}$ を乗じて，プランク定数を得る。

$$4.06\times 10^{-15}\times 1.60\times 10^{-19}\approx 6.5\times 10^{-34}\ [\mathrm{J\cdot s}]$$

(3) 直線の式は

$$V=4.06\times 10^{-15}\nu-2.193$$

であるから，グラフを外挿して，横軸を横切る周波数は

$$5.4\times 10^{14}\ [\mathrm{Hz}]$$

この周波数は $V=0$ のときの周波数 ν_0 である。また

$$V=\dfrac{h}{e}\nu_0-\dfrac{W}{e}=0\ \text{より},\ \dfrac{W}{e}=\dfrac{h}{e}\nu_0\ [\mathrm{eV}]$$

となるから，周波数 ν_0 に (2) で得た勾配を乗ずると，単位が $[\mathrm{eV}]$ の仕事関数 $\dfrac{W}{e}$ を求めることができて

$$4.06\times10^{-15}\times5.4\times10^{14} \approx 2.2 \ [\text{eV}]$$

になる。

問 2.3 真空中に置かれた金属面に，周波数 1.18×10^{15} [Hz] の紫外線を当てたとき，この表面から電子が最大速度 1.10×10^5 [m/s] で飛び出た。ただし，プランク定数，電子の質量，光速度をそれぞれ，$h=6.63\times10^{-34}$ [J·s], $m=9.11\times10^{-31}$ [kg], $c=3.00\times10^8$ [m/s] とする。

(1) 紫外線の光子のエネルギーはいくらか。
(2) 金属の仕事関数を求めよ。

2.3 コンプトン効果

光は微粒子に当たると散乱する。散乱する光の周波数は，通常は入射光のそれと等しい。しかし，周波数の高い X 線などを当てると，散乱する X 線の大部分は入射 X 線と等しい周波数であるが，一部には周波数が異なる X 線も観測される。しかも，その周波数のずれは散乱方向の角によって定まる。この現象はコンプトン (A. H. Compton) によって見出され，**コンプトン効果**[12] と呼ばれる。

X 線が波であるとしたままでは，このコンプトン効果を説明することはできない。X 線を次に述べるような運動量をもつ粒子であると考えて，コンプトンは説明した。

相対性理論の質量とエネルギーの関係 (第 6 章を参照) から，エネルギー $h\nu$ の光量子は質量 $\dfrac{h\nu}{c^2}$ をもつ粒子であるとし，これが光速度 c で伝わるから，その運動量は $\dfrac{h\nu}{c}$ と考えることができる。したがって，周波数 ν の X 線もエネルギー $h\nu$, 運動量 $\dfrac{h\nu}{c}$ をもつ粒子として取り扱えば，コンプトン効果を衝突問題として以下のように説明することができる。

> **光の運動量**
> 周波数 ν の X 線や光 (電磁波) は
> $$p=\dfrac{h\nu}{c}$$
> の運動量 p をもつ粒子である。

---

12. コンプトン効果 (Compton effect)：電子によって X 線が散乱する現象。

X線のエネルギーは大きいので，X線と衝突した電子の反跳速度も大きくなり，相対性理論を考慮して計算しなければならない。つまり，静止質量 m_0，速度 v の電子の運動エネルギーと運動量はそれぞれ

$$\frac{m_0 c^2}{\sqrt{1-\dfrac{v^2}{c^2}}}, \quad \frac{m_0 v}{\sqrt{1-\dfrac{v^2}{c^2}}}$$

として与えられる。

図2.6に示すように，周波数 ν_0 のX線が静止している電子に衝突して，X線が入射方向と角度 α の方向に周波数 ν_1 で散乱し，電子が角度 β の方向へ速度 v で反跳するものとする。

エネルギー保存の法則より

$$h\nu_0 = h\nu_1 + \frac{m_0 c^2}{\sqrt{1-\dfrac{v^2}{c^2}}}$$

入射方向の運動量保存の法則より

$$\frac{h\nu_0}{c} = \frac{h\nu_1}{c}\cos\alpha + \frac{m_0 v}{\sqrt{1-\dfrac{v^2}{c^2}}}\cos\beta$$

入射方向と垂直方向の運動量保存の法則より

$$0 = \frac{h\nu_1}{c}\sin\alpha - \frac{m_0 v}{\sqrt{1-\dfrac{v^2}{c^2}}}\sin\beta$$

が成り立つ。

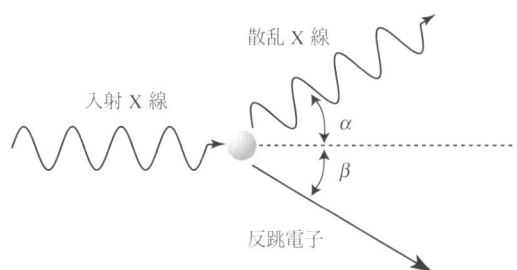

図2.6 コンプトン効果

さらに，入射 X 線の波長を λ_0，散乱 X 線の波長を λ_1 とすると

$$c = \lambda_0 v_0 = \lambda_1 v_1$$

が成り立つ。

以上，四つの式から v, β を消去し，波長のずれ $\lambda_1 - \lambda_0$ を求めると

$$\lambda_1 - \lambda_0 = \frac{h}{m_0 c}(1 - \cos\alpha)$$

となる。ある角方向における X 線強度の観測例を図 2.7 に示す。

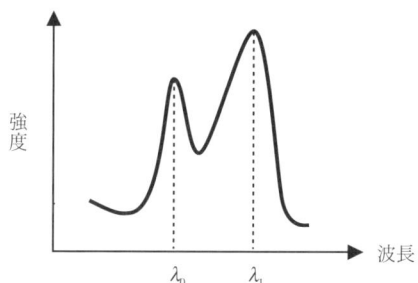

図 2.7　コンプトン効果による波長のずれ

例題 2.5

波長 9×10^{-12} [m] の X 線が入射方向と 45 度の方向にコンプトン散乱するとき，プランク定数 h を 6.63×10^{-34} [J·s]，電子の静止質量 m_0 を 9.11×10^{-31} [kg]，光速度 c を 3.00×10^8 [m/s] として，散乱 X 線の波長を求めよ。

例解

$\lambda_1 - \lambda_0 = \dfrac{h}{m_0 c}(1 - \cos\alpha)$ より

$$\begin{aligned}
\lambda_1 &= \frac{h}{m_0 c}(1 - \cos\alpha) + \lambda_0 \\
&= \frac{6.63 \times 10^{-34}}{9.11 \times 10^{-31} \times 3.00 \times 10^8}(1 - \cos 45°) + 9 \times 10^{-12} \\
&\approx 9.71 \times 10^{-12} \quad [\text{m}]
\end{aligned}$$

問 2.4
波長 1.0×10^{-10} [m] の X 線の光子は何 [eV] のエネルギーをもつか。また，その運動量は何 [kg·m/s] か。プランク定数 h を 6.63×10^{-34} [J·s]，電子の電荷 e を -1.60×10^{-19} [C]，光速度 c を 3.00×10^8 [m/s] とする。

問 2.5
波長 9×10^{-12} [m] の X 線が入射方向と 90 度の方向にコンプトン散乱するとき，その波長はいくらか。ただし，プランク定数 h を 6.63×10^{-34} [J·s]，電子の静止質量 m_0 を 9.11×10^{-31} [kg]，光速度 c を 3.00×10^8 [m/s] とする。

光の二重性

プランクの熱放射式は光のエネルギーが塊として離散的に授受されることを示した。光電効果は光が粒子的に振る舞うことを示し，コンプトン効果は X 線が運動量をもつ粒子であることを示した。一方，光は干渉や回折などの現象により波動であることは間違いない。

よって，光は波動の性質と粒子の性質の両方を兼ね備えているということになる。これを光の二重性という。

2.4 ド・ブロイ波

光には，波の性質だけではなく，エネルギーおよび運動量をもった粒子の性質もあることが，プランクの熱放射式，光電効果やコンプトン効果で明らかになった。周波数 ν の光子 1 個がもつエネルギー E と運動量 p は

$$E = h\nu$$
$$p = \frac{h\nu}{c}$$

と表される。さらに，$c = \lambda\nu$（c：光速度，λ：光の波長）であるから

de Broglie

$$E = h\nu \tag{2.1}$$
$$p = \frac{h}{\lambda} \tag{2.2}$$

とも書き表すことができる。この式は、光子が周波数 ν と波長 λ で特徴づけられる波であることを示すと同時に、エネルギー E と運動量 p で特徴づけられる粒子であることを示している。

ド・ブロイ（L. V. de Broglie）は波動と考えられていた光が粒子の性質をもつならば、逆に、粒子であると考えられてきた電子などの粒子も波動の性質をもつと考えた。運動量 p で動いている粒子は

$$p = \frac{h}{\lambda}$$

の関係を満たす波長 λ の波を伴うと提唱した。この波を**ド・ブロイ波**[13]または**物質波**という。ド・ブロイ波の存在は提唱から3年後に電子線による回折現象によって実証された。

ド・ブロイ波を利用した装置に電子顕微鏡がある。電荷 e の電子を電圧 V で加速し、電子の速度が v になったときのド・ブロイ波の波長 λ を求めてみる。

エネルギー保存の法則より

$$\frac{1}{2}mv^2 = eV$$

運動量 p は mv であるから、式 (2.2) より

$$mv = \frac{h}{\lambda}$$

よって

$$\lambda = \frac{h}{mv} = \frac{h}{\sqrt{2meV}}$$

と求まる。

たとえば $V = 10$ [kV] とすると、$\lambda = 1.23 \times 10^{-11}$ [m] となる。この波長はX線の波長程度であるので、この電子線を結晶に当てると、X線の場合と同じような干渉模様を得ることができる。

---

13. ド・ブロイ波（de Broglie wave）：物体の運動に付随した波で、粒子の運動量を p とすると、その波の波長 λ は $\lambda = \frac{h}{p}$ で与えられる。

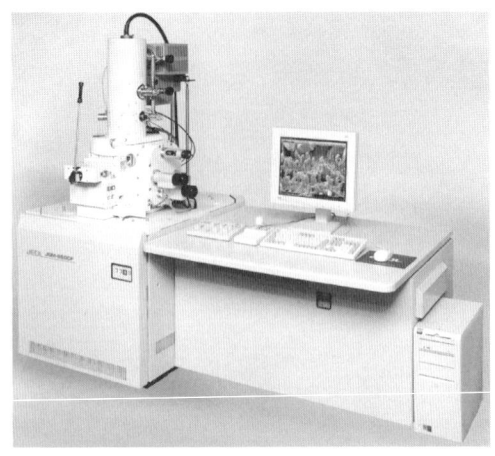

写真提供:日本電子(株)

例題 2.6

速度 10 [m/s] で運動する質量 1 [g] の粒子のド・ブロイ波の波長はいくらか。ただし、プランク定数 $h = 6.63 \times 10^{-34}$ [J·s] とする。

例解

ド・ブロイ波長を λ とすると、$\lambda = \dfrac{h}{p} = \dfrac{h}{mv}$ より

$$\lambda = \frac{6.63 \times 10^{-34}}{1 \times 10^{-3} \times 10} = 6.6 \times 10^{-32} \quad [\text{m}]$$

となる。

問 2.6 速度 10^8 [m/s] の中性子のド・ブロイ波の波長はいくらか。プランク定数 h を 6.63×10^{-34} [J·s]、中性子の質量を 1.67×10^{-27} [kg] とする。

問 2.7 電子を 500 [V] の電圧で加速するとき、電子の波長はいくらになるか。プランク定数 h を 6.63×10^{-34} [J·s]、電子の電荷を -1.60×10^{-19} [C]、電子の質量を 9.11×10^{-31} [kg] とする。

2.5 不確定性原理

電子や中性子などの粒子が，波動の性質と粒子の性質を兼ね備えていることを前節で学んだ。そこで，電子を狭いスリットに通してスクリーン上にその像を作る場合を波動の立場と粒子の立場から思考してみる。

W. K. Heisenberg

1) 波動の立場から

電子に伴う波長 λ の平面波が幅 a のスリットを通ると，図 2.8 のように回折する。最初の暗部（電子が届かない部分）までの回折角 θ は

$$\sin\theta \approx \frac{\lambda}{a}$$

で与えられる。

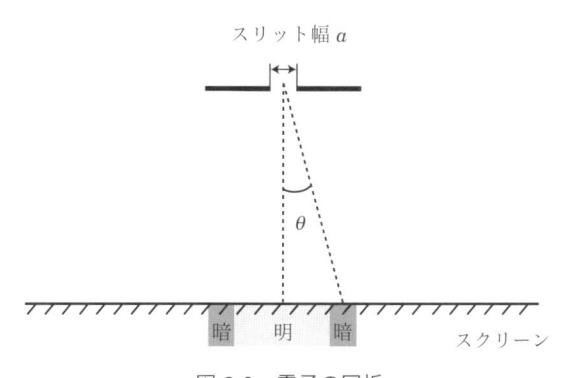

図 2.8 電子の回折

2) 粒子の立場から

上で述べたことは，運動量 p で進行してきた電子がスリットを通過すると，進行方向と垂直な方向に運動量の変化を受けて，角 θ 方向以内に曲がることを意味する。垂直方向の運動量変化 Δp は

$$\Delta p \approx p\sin\theta$$

である。つまり，電子が角 θ 以内のどの方向に進行するかを特定する

ことはできない。Δp 程度の運動量の不確かさがある。

一方，その電子がスリット幅 a 内のどこの位置を通過したかも不明である。その不確かさ Δx は，スリット幅程度であり

$$\Delta x \approx a$$

である。

上の 1) と 2) から

$$\Delta x \cdot \Delta p \approx a \cdot p \sin\theta \approx \lambda p$$

さらに式 (2.2) を用いると

$$\Delta x \cdot \Delta p \approx h$$

となる。

この式は，位置の不確かさ Δx と運動量の不確かさ Δp のどちらか一方の測定値をいくらでも精度よく測定することができるが，それらの不確かさの積をプランク定数 h よりも小さくすることは原理的に不可能である，ということを意味している。このことをハイゼンベルグ（W. K. Heisenberg）の**不確定性原理**[14]という。

位置の不確かさ Δx と，その方向での運動量の不確かさ Δp のような二つの関係が，3 次元の y 方向，z 方向においても成り立つ。

さらに，エネルギーと時間の間にも不確定性原理の関係がある。それを以下に示す。電子が Δx だけ不確かさをもつということは，それを光子で測定するとき，光子が電子を捕らえる時間に

$$\Delta t = \frac{\Delta x}{v} \quad (v : \text{電子の速度})$$

の不確かさがあることを意味する。

他方，電子のもつエネルギー E は

$$E = \frac{p^2}{2m} \quad (m : \text{電子の質量})$$

であるから，p に不確かさ Δp があるならば，エネルギーの不確かさ ΔE は

---

14. 不確定性原理（uncertainty principle）：ある観測可能な量を正確に測定しようとすると，ほかの観測可能な量についての知識に関してかならず不確定性を生じるという原理。

$$\Delta E = v \cdot \Delta p$$

となる。なぜならば

$$E + \Delta E = \frac{(p + \Delta p)^2}{2m}$$

より，$(\Delta p)^2 \ll 1$ として $(\Delta p)^2$ を無視すると

$$\Delta E = \frac{p \cdot \Delta p}{m} = v \cdot \Delta p$$

となるためである。

したがって，エネルギーの不確かさ ΔE と時間の不確かさ Δt の積も

$$\Delta E \cdot \Delta t \approx h$$

となることがわかる。

確率を導入する必要性

電子線がスリットを通るとき，その位置と運動量を同時には確定することができない。その結果，電子がスクリーン上のどこに像を作るかわからない。しかし，多数の電子を用いて実験を繰り返すと，回折像ができあがる。

サイコロを振る場合もこれと似ている。1回の振りではどの目が出てくるかわからない。しかし，振る回数を多くするに従い，すべての目が同程度回数出てくることがわかる。そこで，サイコロを1回振るとき，ある目が1/6の確率で出てくるという。

これと同様に，1個の電子にも飛んでくる確率を適用することができる。不確かなことを表現するためには確率の導入が必要となってくる（詳細は第4章を参照）。

例題 2.7

電子の運動エネルギーが 1000 ± 0.001 [eV]であるとき，位置の不確かさはいくらか。ただし，電子の質量を 9.11×10^{-31} [kg]，プランク定数を 6.63×10^{-34} [J·s]とし，1 [eV] $= 1.60\times10^{-19}$ [J]である。

例解

質量 m の電子の運動エネルギー E と運動量 p の関係は

$$E=\frac{p^2}{2m}$$

これを p で微分する。dE, dp をそれぞれ ΔE, Δp と表して

$$\Delta E=\frac{p}{m}\Delta p=\sqrt{\frac{2E}{m}}\Delta p$$

ゆえに

$$\Delta p=\sqrt{\frac{m}{2E}}\Delta E$$

ここで，不確定性原理より，求める位置の不確かさを Δx とすると

$$\Delta x \cdot \Delta p \approx h$$

であるから

$$\Delta x \approx h\sqrt{\frac{2E}{m}}\cdot\frac{1}{\Delta E}$$

よって，値を代入すると

$$\Delta x \approx 7.8\times10^{-5}\ [\text{m}]$$

となる。

問 2.8 質量 1 [g]の粒子と電子の位置をそれぞれ水素原子の大きさ程度 10^{-10} [m]まで精密測定すると，それぞれの速度はどの程度の不確かさになるか。ただし，電子の質量を $m=9.11\times10^{-31}$ [m]，プランク定数を 6.63×10^{-34} [J·s]とする。

第3章

原子構造

20世紀初頭，真空放電の研究，放射線を利用した研究などから原子の構造がしだいに明らかになってきたが，ボーア (N. Bohr) の画期的な考えによって，水素原子の原子構造が解明されるとともに原子スペクトルの規則性も説明できるようになってきた。この章では原子スペクトルと水素原子の原子構造，さらには一般の原子のエネルギー準位について学ぶ。

N. Bohr

3.1 原子模型

原子は当初，物質の基本的な要素で，これ以上分割できない最小単位と考えられていたが，しだいに内部構造をもっているのではないかと考えられるようになってきた。

20世紀初頭に，**陰極線**[1]の実験によって電子の存在が知られ，陰極線は負電荷の粒子（電子）の流れで，その粒子は

電荷　$-e = -1.602 \times 10^{-19}$ [C]
質量　$m = 9.108 \times 10^{-31}$ [kg]

をもつことがわかった。さらに，この粒子は原子の中に構成要素として含まれているものと考えられた。電子の質量はきわめて小さく，水素原子の質量 (1.67×10^{-27} [kg]) の約1840分の1であるから，原子全体の質量のほとんど全部を占めている何かがあるはずである。そして電子が負電荷であるから，

---

1. 陰極線 (cathode ray)：電子管内の加熱フィラメントから放出される電子の流れや，陰極から放出される電子の流れなどのこと。

これは正電荷をもつと予想された。

1903年にトムソン（J. J. Thomson）は，原子は一様に正に帯電している球の中に電子が均一に混在していて，原子全体として電気的に中性になっているという図3.1に示されるような原子模型（スイカモデル）を提出した。

これに対して，長岡半太郎は，図3.2に示されるように正電荷は原子の中心に集中し，電子が土星の環のようになってまわっているという原子模型（土星モデル）を提出した。

電子が核のまわりを運動していれば力学的には安定な状態が存在する。しかし，それが力学的には安定であっても，電子は円運動という加速度運動をしているのであるから，古典的な電磁気学から知られるように電磁波が放射され，電子は運動エネルギーを失っていくことがわかる。この現象は**サイ**

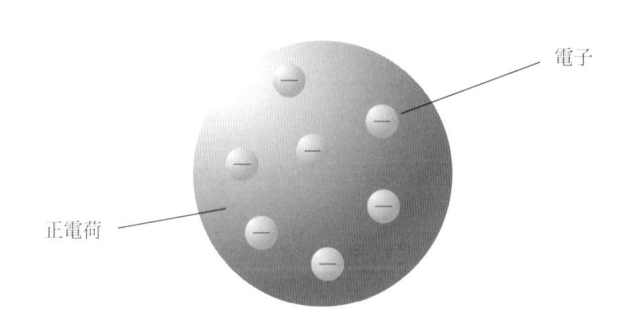

図3.1　トムソンの原子模型（スイカモデル）

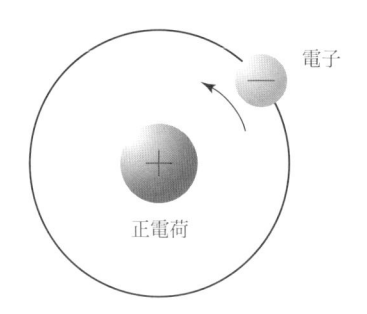

図3.2　長岡半太郎の原子模型（土星モデル）

クロトロン放射[2] と呼ばれ，加速器で高速度の円運動をさせるとこの放射が起こってエネルギーを失い，速度を下げるという問題が起こる．つまり，この長岡模型は瞬間的には考えられても長い間続いている状態としてはあり得ないことになる．

これらの原子模型のいずれが正しいかを確かめるために，トムソンの弟子であるラザフォード（E. Rutherford）は重要な考察を行った．ラジウムから放射される α 線（正電荷をもった高速のヘリウム原子核）が，金属箔のような薄い物質を透過する場合，非常に大きく方向の変わるものがあることに注目した（図 3.3 参照）．

トムソン模型のように正電荷が一様に分布しているものよりも，長岡模型のように正電荷が中心に集中しているもののほうが，ずっと大きな角度の散乱[3] を起こしやすいということが予想できる．なぜなら原子の中心近くを通る α 粒子は強い斥力を受けるからである．

α 線による散乱実験の結果，α 粒子の大部分は小さい角度しか曲がらないが，なかには 90 度以上も曲げられるものがあった．トムソン模型のように電子が散らばっているのであれば α 粒子（重い粒子）が原子の中に入ったと

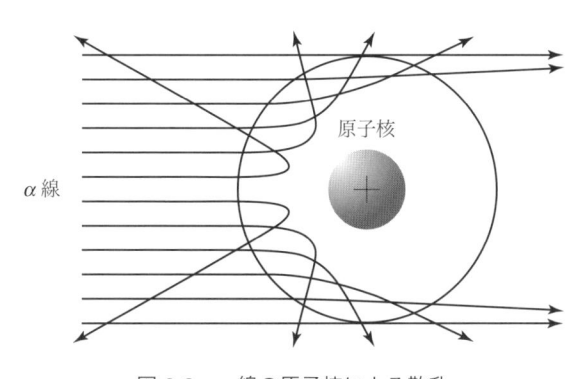

図 3.3　α 線の原子核による散乱

---

2. サイクロトロン放射 (cyclotron radiation)：光速より十分遅い速度で磁界中を軌道運動する荷電粒子が放出する電磁放射．
3. 散乱 (scattering)：粒子や光子が他の粒子や系と衝突してその運動方向を変化すること．

き，図 3.4 に示すように電子は軽いので α 粒子によって飛ばされ，したがって α 粒子は電子によってほとんど曲げられないはずである。

このことから長岡模型のほうが正しい原子模型であることがわかった。ラザフォードはさらに詳細な実験と理論的考察から次のような原子模型を提案した。これを長岡・ラザフォード模型ということもある。

1) 原子の中心にはほとんど原子とほぼ同じ質量をもった**原子核**[4]が存在する。
2) 原子核は電気素量 e の原子番号 Z 倍の正電荷をもっている。

ところが，長岡・ラザフォードの模型には重大な欠点があることが明らかになった。それは，正電荷の重い原子核と負電荷の軽い電子の間には距離の 2 乗に反比例する引力が働いているから，電子が原子核に引きつけられてしまわないためには，電子は原子核のまわりを回転していなければならない。電子のこの回転運動の半径が原子の半径であるが，これを決定するものは，ラザフォードの理論にはなかった。また，この理論はとびとびな波長をもった水素原子の**原子スペクトル**[5]，すなわち線スペクトルになることを説明することができなかった。

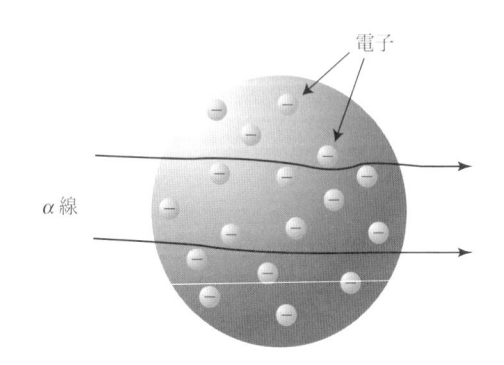

図 3.4　トムソン模型における α 線による散乱の様子

---

4. 原子核（atomic nucleus）：原子を構成している要素の一つで，陽子と中性子とからなる複合系。陽電荷をもっており，原子の質量の大部分は原子核が占めている。
5. 原子スペクトル（atomic spectrum）：原子内の電子のエネルギー準位間の遷移によって起こる，光吸収や発光のスペクトル。

> **原子核の構造**
>
> 原子核は **陽子**[6] と **中性子**[7] から構成され，陽子と中性子をまとめて核子という。
>
> 陽子は水素原子の原子核で，正電荷をもつ粒子である。中性子は電荷をもたない粒子で，質量は陽子にほぼ等しい（陽子の質量は 1.7×10^{-27} [kg]）。
>
> 原子核に含まれる陽子の数を原子番号という。**原子番号**[8]は中性原子の核外電子の数に等しい。また，陽子の数と中性子の数との和を **質量数**[9] という。
>
> 図 3.5 核子

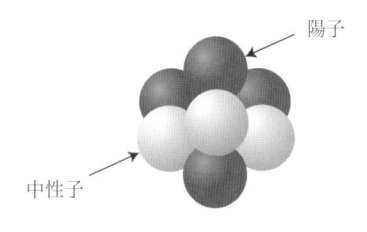

3.2 原子スペクトルとボーアの原子模型

真空放電などによって気体を発光させ，スペクトルを測定すると，元素に特有なとびとびな波長をもった原子スペクトルすなわち線スペクトルが見られる。一番軽い水素原子の発光スペクトルはスペクトル線の波長が規則正しい系列になっていることが 1885 年バルマーらによって発見された。

これらのスペクトル系列は可視領域のバルマー系列，紫外領域のライマン系列，赤外領域のパッシェン系列に分けられる。

バルマー系列の波長 λ は

$$\frac{1}{\lambda} = R\left(\frac{1}{2^2} - \frac{1}{m^2}\right) \quad (m = 3, 4, \cdots)$$

で与えられる。ただし，R は $1.097 \times 10^7 m^{-1}$ の値をもち，リドベリー定数（Rydberg constant）と呼ばれる。バルマー系列のスペクトル線の代表的な名

---

6. 陽子 (proton)：中性子とともに原子核の構成要素であって正に帯電した粒子。
7. 中性子 (neutron)：陽子とほぼ同じ質量で，電荷をもたない粒子。
8. 原子番号 (atomic number)：原子核中の陽子数。
9. 質量数 (mass number, nuclear number, nucleon number)：原子核内の陽子と中性子の個数の和。

称と波長を表 3.1 に示す。

ライマン系列の波長は

$$\frac{1}{\lambda} = R\left(\frac{1}{1^2} - \frac{1}{m^2}\right) \quad (m = 2, 3, 4, \cdots)$$

で与えられる。ライマン系列のスペクトル線の代表的な名称と波長を表 3.2 に示す。

パッシェン系列の波長は

$$\frac{1}{\lambda} = R\left(\frac{1}{3^2} - \frac{1}{m^2}\right) \quad (m = 2, 3, 4, \cdots)$$

で与えられる。

水素原子以外にも同様な関係があり，原子の線スペクトルは一般的に

$$\frac{1}{\lambda} = R\left(\frac{1}{n^2} - \frac{1}{m^2}\right)$$

波長の単位の換算
1 [nm]（ナノメータ）= 10^{-9} [m] = 10^{-3} [μm]
1 [Å]（オングストローム）= 10^{-10} [m] = 10^{-4} [μm] = 0.1 [nm]

表 3.1　バルマー系列のスペクトル線の名称と波長

名　称	波長 [nm]
H_α	656.28
H_β	486.13
H_γ	434.05

表 3.2　ライマン系列のスペクトル線の名称と波長

名　称	波長 [nm]
L_α	121.57
L_β	102.58
L_γ	97.25

で表されることがわかっている．水素原子のエネルギー準位とスペクトル系列を図 3.6 に示す．

1913 年，ボーアは水素原子のスペクトルの規則性を説明するために次のような原子模型を提唱した．

1) 原子の中心には正電荷をもち原子の質量の大部分を占めるきわめて小さい原子核があり，負電荷をもった電子が不連続的な特定の軌道上を運動する．したがって電子のもつエネルギーは連続的な値はとらないで，とびとびの値 $E_1, E_2, E_3, \cdots$ になる．これらのエネルギーをもった状態にある限り，原子は光を放射しない．この状態を定常状態と呼ぶ．また $E_1, E_2, E_3, \cdots$ などをエネルギー準位という．

図 3.6 のようにエネルギー準位は水平線を引いて表す．エネルギーが最

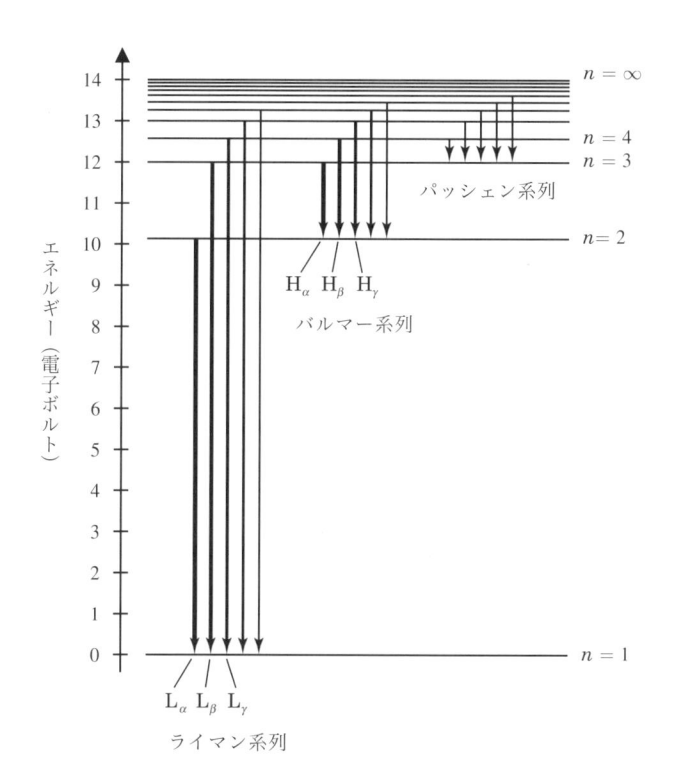

図 3.6 水素原子のエネルギー準位とスペクトル系列

低の定常状態を **基底状態**[10]，それより上の状態を **励起状態**[11] という．

2) 電子がエネルギー E_n の軌道から E_l の軌道に移るとき（**遷移**[12] するという），そのエネルギー差 $E_n - E_l$ に相当する光子を放出する．すなわち
$$h\nu = E_n - E_l$$
となる．ただし，h はプランク定数，ν は振動数である．この関係を**ボーアの振動数条件**という．

3) 定常状態において，電子はニュートン力学における運動の法則に従って回転運動をする．

例題 3.1

基底状態の水素原子に電子を当てて，バルマー系列の中で最も長波長のスペクトル線を放出させるとき，必要とする電子の運動エネルギー [eV] を求めよ．

例解

必要とする電子の運動エネルギーを $h\nu$ とすると

$$h\nu = \frac{hc}{\lambda} = hcR\left(\frac{1}{2^2} - \frac{1}{3^2}\right)$$
$$= 6.625 \times 10^{-34} \times 3 \times 10^8 \times 1.097 \times 10^7 \times \left(\frac{5}{36}\right)$$
$$= 3.02 \times 10^{-19} \quad [\text{J}]$$

1 [eV] は 1.6×10^{-19} [J] であるから，電子の運動エネルギーは 1.9 [eV] 必要になる．

問 3.1 バルマー系列の H_β 線の波長を計算せよ．

---

10. 基底状態（ground state）：最低エネルギーの定常状態．
11. 励起状態（excited state）：基底状態などよりも高いエネルギーの定常状態．
12. 遷移（transition）：量子力学的系が，あるエネルギー状態から他のエネルギー状態に変化すること．

3.3 ボーアの水素原子の理論

水素原子は図 3.7 に示されるように，電荷 $+e$ をもつ原子核と電荷 $-e$ の電子からできている最も簡単な構造をした原子である。原子核の質量は電子に比べて非常に大きいため，原子核は静止し，電子は原子核のまわりを等速円運動しているとボーアは考えた。

電子に働くクーロン力の大きさ F は

$$F = \frac{1}{4\pi\varepsilon_0}\frac{e^2}{a^2}$$

であり，この力は円の中心を向くように働いている。

また，等速円運動における遠心力は

$$m\frac{v^2}{a}$$

であるから，このクーロン力と遠心力がつり合うとすれば

$$m\frac{v^2}{a} = \frac{1}{4\pi\varepsilon_0}\frac{e^2}{a^2} \tag{3.1}$$

が得られる。

ここで，電子の定常状態における運動は，電子の運動量 $p = mv$ と軌道の長さ $2\pi a$ の積がプランクの定数 h の整数倍に等しいものだけが実現される。

> **ボーアの量子条件（積分表示）**
>
> $$\int p\,dq = nh \quad (n = 1, 2, 3, \cdots)$$
>
> ただし，p は電子の運動量，q は電子の位置座標とし，積分は電子の軌道に沿って 1 周期にわたるものとする。

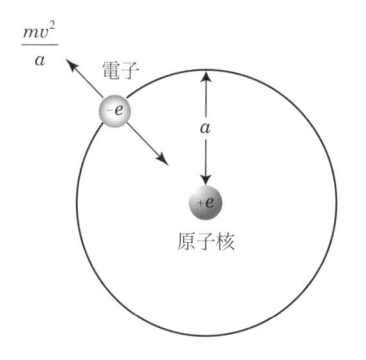

図 3.7 ボーアの水素原子の模型

これを**ボーアの量子条件**という。すなわち

$$2\pi a m v = nh \quad (n = 1, 2, 3, \cdots) \tag{3.2}$$

を満足する軌道だけが許される。2.4 節のド・ブロイ波で述べたように電子は波動であり，図 3.8 (a) に示されるようにその波長 (λ) の整数倍 (n) が円周の長さ $2\pi a$ となる軌道のとき安定な定常状態となる。このような軌道をもつ運動を定常状態と呼び，n は**量子数**[13]と呼ばれる。図 3.8 (b) のように円周の長さが波長の整数倍でないときには定常波ができない。

式 (3.1)，(3.2) から v を消去すれば

$$a = \frac{n^2 h^2 \varepsilon_0}{\pi m e^2} \tag{3.3}$$

となる。特に $n=1$ の場合を**ボーア半径**[14]という。すなわち

$$a = \frac{h^2 \varepsilon_0}{\pi m e^2} = 0.53 \times 10^{-10} \ [\text{m}] \tag{3.4}$$

と計算される。

次に電子の力学的エネルギー E を求めてみる。電子の運動エネルギー K は

$$K = \frac{1}{2} m v^2 = \frac{p^2}{2m}$$

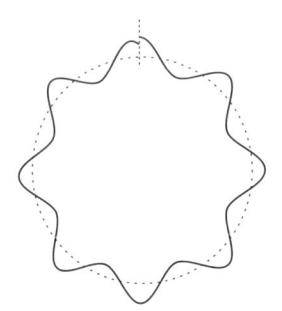

(a) 円周の長さが波長の整数倍である場合　　(b) 円周の長さが波長の整数倍でない場合

図 3.8　ボーアの量子条件

---

13. 量子数 (quantum number)：量子状態を特徴づけるのに必要な量の一つで，通常は不連続な整数あるいは半整数の値をとる。
14. ボーア半径 (Bohr radius)：ボーア理論における水素原子の基底状態の軌道の半径。

になる．また，クーロン力による位置エネルギー U は

$$U = -\frac{e^2}{4\pi\varepsilon_0 a}$$

と表される．したがって

$$E = K + U = \frac{p^2}{2m} - \frac{e^2}{4\pi\varepsilon_0 a} \tag{3.5}$$

となる．

式 (3.1) と (3.3) を利用すると，式 (3.5) から n 番目の円軌道をまわる電子のエネルギーとして

$$E_n = -\frac{e^2}{8\pi\varepsilon_0 a}\frac{1}{n^2} \quad (n = 1, 2, 3, \cdots)$$

が得られる．

したがって，電子がエネルギー E_n の軌道から E_l の軌道に移るとき（遷移するという），放出される光の振動数はボーアの振動数条件から

$$h\nu = \frac{e^2}{8\pi\varepsilon_0 a}\left(\frac{1}{n^2} - \frac{1}{l^2}\right) \tag{3.6}$$

と表される．

また，$c = \lambda\nu$ の関係を用いると，リドベリー定数 R の理論式は

$$R = \frac{e^2}{8\pi h\varepsilon_0 ac} = \frac{me^4}{8\varepsilon_0^2 h^3 c}$$

と求まる．この式に各定数の値を入れて R の値を計算すると

$$R = 1.097 \times 10^7 m^{-1}$$

となり，R の実験値とよく一致する結果が得られる．このようにボーアの水素原子の理論は水素原子のスペクトルをうまく説明することができた．

問 3.2 真空の誘電率 $\varepsilon_0 = 8.85 \times 10^{-12}$ [F/m]，電子の質量 $m = 9.11 \times 10^{-31}$ [kg]，プランク定数 $h = 6.63 \times 10^{-34}$ [J·s]，電子の電荷 $e = 1.60 \times 10^{-19}$ [C] の値を式 (3.4) に代入してボーア半径を計算してみよ．

問 3.3 基底状態における水素原子の電子の速度を求めよ．

3.4 一般の原子のエネルギー準位

　実験が精密になると多数のスペクトル線が細かく発見されていった。そして，今まで1本の線と思っていたものが数本の線の集合であることがわかってきた。

　一般の原子のエネルギー準位は主として3種類の量子数 n, l, m の組で決定されることが知られている。

　主量子数[15] n は $n = 1, 2, 3, \cdots$ の値をとり，電子の軌道の大きさに相当する量である。また主量子数 n が増すにつれて $n = 1, 2, 3, \cdots$ に相当する球殻状の軌道にそれぞれ K 殻，L 殻，M 殻，… の名がつけられている。

　方位量子数[16] l は電子の角運動量の大きさを表し，古典論的にいえば，l は軌道の形に関係する量子数である。n が与えられたとき $l = 0, 1, 2, \cdots, (n-1)$ である。ただし，$l = 0, 1, 2, \cdots, (n-1)$ の代わりに $s, p, d, \cdots$ と表すことが多い。

　磁気量子数[17] m は角運動量の成分に対応して，各 l に対して $m = l, l-1, \cdots, 0, \cdots, -l+1, -l$ の $(2l+1)$ 個の値が許される。m は古典論的にいえば，軌道面の空間的傾きに関係する量子数である。

　原子のエネルギー準位は主量子数，方位量子数，磁気量子数でよく整理できるが，細かく観察してみるとエネルギー準位はさらに分裂している。

　電子はある種の内部的な運動の自由度に相当する固有の角運動量 S をも

角運動量
　回転の勢いを表すのが角運動量 L である。L は物体の各部分がもつ運動量 $(m_i v_i)$ のモーメントの総和で
$$L = \sum_i r_i \times (m_i v_i)$$
と定義される。ただし，r は回転軸からの位置ベクトルである。

---

15. 主量子数（principal quantum number）：軌道角運動量，スピン角運動量とともに電子の波動関数を分類する軌道電子の量子数。
16. 方位量子数（azimuthal quantum number）：軌道角運動量の量子数。
17. 磁気量子数（magnetic quantum number）：軌道角運動量の加えられた磁場方向成分の量子数。

ち，量子数 s が現れると考え，この運動状態をスピン（spin）と呼ぶ。

$$量子数：s = +\frac{1}{2}, -\frac{1}{2}$$

このようにスピン量子数は二つに限られている。

電子のスピン

物質を構成する原子のもつ電子は，一定の角速度で自転している。これが電子のスピンである。

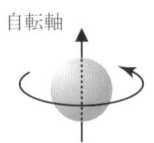

図 3.9

一般の原子の電子配置の例を表 3.3 に示す。

表 3.3　原子の電子配置

原子番号	元素記号	K殻 1s軌道	L殻 2s	L殻 2p	M殻 3s	M殻 3p
1	H	1				
2	He	2				
3	Li	2	1			
4	Be	2	2			
5	B	2	2	1		
6	C	2	2	2		
7	N	2	2	3		
8	O	2	2	4		
9	F	2	2	5		
10	Ne	2	2	6		
11	Na	2	2	6	1	
12	Mg	2	2	6	2	
13	Al	2	2	6	2	1
14	Si	2	2	6	2	2
15	P	2	2	6	2	3
16	S	2	2	6	2	4
17	Cl	2	2	6	2	5
18	Ar	2	2	6	2	6

電子はパウリの排他原理に従って，各量子状態には 2 個までしか入れない。したがって，安定な原子ではエネルギーの低い順に電子が配置されている。$n=1, 2, \cdots$ の状態には 2 個，8 個，… の電子で満員になり，そして次の n の値のところに配置していくというようになる。たとえば，He と Ne はそれぞれ外側の殻まで満員であるという点で似ており，H と Li と Na は外側の殻に 1 個の電子をもつという点で似ている。化学反応は最外殻電子の作用によるので，このような外殻の似たものは化学的性質も似てくる。

パウリの排他原理

原子内電子は四つの量子数 (n, l, m, s) の組合せにより一義的に決定され，二つの電子は量子数 (n, l, m, s) の同じ組合せをとることができない。

たとえば，主量子数 $n=1$ の殻で考えてみると，$n=1$, $l=0$, $m=0$, $s=+\frac{1}{2}$ または $s=-\frac{1}{2}$ のどちらかをとる組合せが可能である。

つまり，どんな原子でも二つの電子 $(n=1, l=0, m=0, s=+\frac{1}{2})$, $(n=1, l=0, m=0, s=-\frac{1}{2})$ だけが $1s$ 軌道を占めることができる。

問 3.4 主量子数，方位量子数，磁気量子数は多くの状態を考えることができる。スピン量子数も三つ以上の状態を考えることができるか。

3.5 フランク・ヘルツの実験[18]

水素以外の原子にもとびとびのエネルギー準位が存在することが，実験によって直接確かめられた．1914年，フランクとヘルツはボーアの水素原子のエネルギー準位ならびにスペクトルの考えを裏づける実験に成功した．

図 3.10 に示されるような放電管の中には水銀蒸気が満たされている．陰極 K とグリッド G との間に可変直流電圧をかけられるようにしてある．熱電子を放射する陰極 K から電子が放出され，その電子は電圧で加速される．K と G の間で，電子は水銀原子と衝突する．G に到達した電子はグリッドを通り越して，G に対して約 -0.5 [V] の電圧をかけた陽極 A に達する．電子のエネルギーが 0.5 [eV] 以上であれば A に達し，検流計の針が振れるようになっている．K と G の間の電圧を徐々に上げると，4.5 [V] 程度になるまで電流は急激に増加する．これは水銀原子と弾性衝突をして，A に到達した電子によるものである．

電圧が 4.9 [V] になると電流は急激に落ち，少数の電子しか A に到着しなくなったことを示す．これは多数の電子が水銀原子との非弾性衝突によって運動エネルギーを失ったためと考えられる．電圧をさらに上げると，電流は再び上昇し，4.9 [V] の 2 倍の電圧にあたる 9.8 [V] になるところで再び減少する．この理由は，電圧が 9.8 [V] になると，1 個の電子は 2 個の水銀原

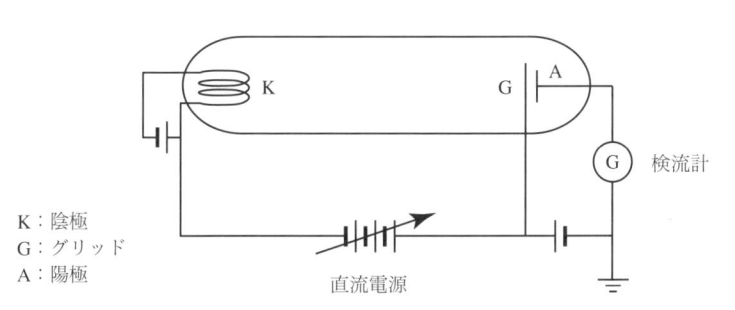

K：陰極
G：グリッド
A：陽極

直流電源

検流計

図 3.10　フランク・ヘルツの実験装置

---

18. フランク・ヘルツの実験（Franck-Hertz experiment）：電子が原子と非弾性衝突することによって失う運動エネルギーを測定する実験．

子と非弾性衝突をして，4.9 [eV] のエネルギーをそれぞれの原子に与えるために電流が減少することと考えられる．さらに電圧を上げると，4.9 [V] の3倍の電圧である 14.7 [V] のところでまた減少する（図 3.11 参照）．

彼らはボーアの考えを確かめるために，発光スペクトルを観測し，K と G の間でただ 1 本のスペクトル線が出るのを観測した．そのスペクトル線の波長は 253.7 [nm] であった．すなわち，電子との衝突によって 4.9 [eV] のエネルギーが水銀原子に移され，励起された水銀原子が基底状態に戻るときに，波長 253.7 [nm] の光として放出されたのである．

このようにしてボーアの定常状態のエネルギー準位の考え方を確かめることができた．

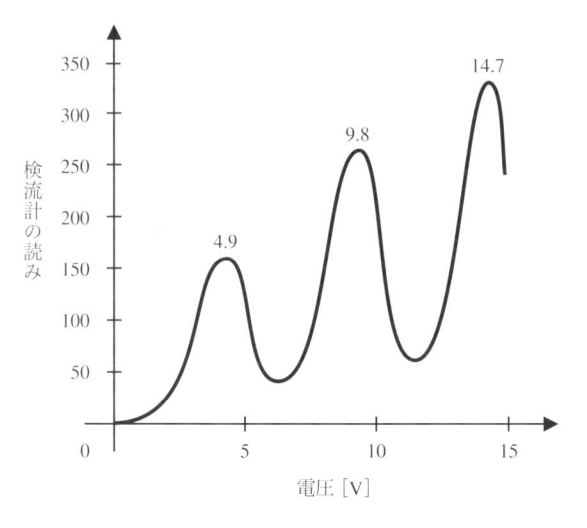

図 3.11 電圧と検流計の読みの関係

問 3.5 フランク・ヘルツの実験において，放電管内の水銀の圧力を下げ，精密な測定を行ったところ，図 3.12 のような実験結果が得られた．これらの電圧の値は何を意味しているのかを述べよ．

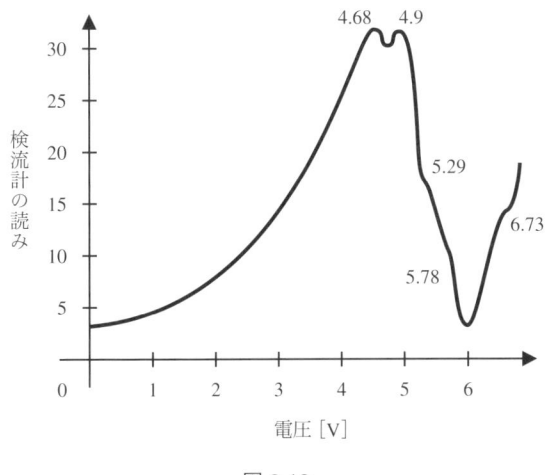

図 3.12

電子雲

量子力学では電子の存在位置は確率密度として求められる。このため，正確な位置が特定できず，電子の存在位置は確率分布でしか示せない。

したがって，はっきりした原子構造は表現できないが，あえて図示しようとすれば図 3.13 のように電子の軌道は電子の雲のように描かざるを得ない。

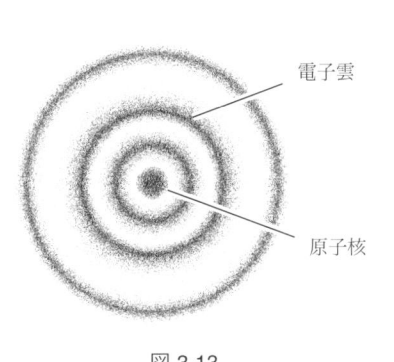

図 3.13

第4章

波動方程式

第2章で波の代表として光を，粒子の代表として電子を中心に，それらが波動性と粒子性を兼ね備えていることを学び，不確定性原理も導いた。本章では，波動性と粒子性を兼ね備えた電子のド・ブロイ波がどのような波動方程式に従うのかを導き，その計算例について学ぶ。

E. Schrödinger

4.1 波動方程式の導出

運動している粒子がもつド・ブロイ波をどのような数式で表現するとよいのか。光などの電磁波は，電界と磁界が次々に時間をかけて空間を伝わる波として表される。音波も媒質に発生した変化が次々と伝わる波として表される。どちらの波も空間と時間の関数として表される。したがって，ド・ブロイ波も空間と時間の関数で表される波であると考えることができる。この関数を **波動関数**[1] という。

それでは，この波動関数は物理的に何を意味するのだろうか。ニュートン力学の粒子は，ある瞬間で位置と運動量を同時に正確に測定することが可能である。しかし，電子や中性子などのような微小な粒子の場合には，不確定性原理に従い，位置と運動量を同時に正確に測定することはできない。

しかし，電子線回折などの実験を同一条件で何度も繰り返し電子の位置を測定すると，電子の見出される存在分布が統計的に明確になる。そこで，波動関数の物理的意味として「波動関数の絶対値を 2 乗した量は粒子が存在する確率密度を表すもの」と解釈する。ド・ブロイ波は実在的な波であるが，

---

1. 波動関数（wave function）：粒子の状態を位置と時間の関数で表したもの。

波動関数で表された波は粒子が見出される確率を与える確率波であると考える。

> 波動関数 $\psi(x,t)$ の物理的意味
>
> 粒子の位置を測定するとき，時刻 t に位置 x を含む微小範囲 dx 内に粒子が見出される確率は
>
> $|\psi(x,t)|^2 dx$ ($|\psi(x,t)|^2$：粒子が存在する確率密度)
>
> で与えられると考える。

それでは，一定の運動量をもって運動している粒子の波動関数を求めてみよう。エネルギー E，運動量 p をもつ粒子のド・ブロイ波は

$$E = h\nu, \quad p = \frac{h}{\lambda}$$

で表され，周波数 ν，波長 λ をもつ波である。

他方，周波数 ν，波長 λ をもつ波 ψ が x 軸の正の向きに進行するとき

$$\psi = A \sin\left(\frac{2\pi}{\lambda} x - 2\pi \nu t\right)$$

と書き表すことができる。

ここでは粒子の運動量が一定である場合を考えているので，不確定性原理によると，位置がまったく不確定になり，どこの位置においても一様な確率で粒子が見出されなければならない。しかし，上の式で表された粒子は，ある時刻にその粒子が見出される確率密度 $|\psi|^2$ が図 4.1 に示すように位置に

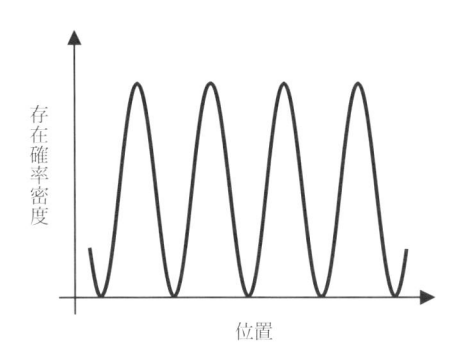

図 4.1　粒子の存在確率密度

より異なるので，粒子の波動関数を表す式としては好ましくない。

そこで，波としての周期性を保ちながら存在確率が一様になるためには

$$\psi = Ae^{i\left(\frac{2\pi}{\lambda}x - 2\pi\nu t\right)}$$

または

$$\psi = Ae^{i\left(\frac{2\pi}{h}px - \frac{2\pi}{h}Et\right)}$$

という複素数で表した波を考えるとよい。これが一定の運動量で運動する粒子のド・ブロイ波を表す波動関数である。この式は，$k = \frac{2\pi}{\lambda}$, $\omega = 2\pi\nu$ と置き換えて

$$\psi = Ae^{i(kx - \omega t)}$$

と表すこともできる。k を波数，ω を角周波数または角振動数という。

電気回路の交流理論などで，$\sin(2\pi\nu t)$ や $\cos(2\pi\nu t)$ の代用として $e^{i2\pi\nu t}$ を用いることがあるが，それは計算を簡便にするためであって，ここでの波動関数とは本質的な相違がある。

次に，波動関数が従うべき波動方程式を求めてみよう。ここでは，エネルギーが時間的に一定である状態（定常状態[2] という）の粒子の波動関数を導出してみる。

上式の波動関数 $\psi = Ae^{i\left(\frac{2\pi}{\lambda}x - 2\pi\nu t\right)}$ を x で 2 回微分すると

$$\frac{d^2\psi}{dx^2} = -\frac{(2\pi)^2}{\lambda^2}\psi \tag{4.1}$$

一方，運動量 p である電子の運動エネルギー $(E - U)$（E：全エネルギー，U：位置エネルギー，p.61 脚注 7 参照）は

$$E - U = \frac{p^2}{2m}$$

> **波動関数の表し方**
> $$\psi = Ae^{i\left(\frac{2\pi}{h}px - \frac{2\pi}{h}Et\right)}$$
> または
> $$\psi = Ae^{i(kx - \omega t)}$$

> **e^{ix} の微分**
> $$\frac{d}{dx}e^{ix} = ie^{ix}$$

---

[2]. 定常状態（stationary state）：波動関数が空間の指数関数と時間の指数関数が分離した積の形で表された状態。エネルギーが時間的に変化しない状態。

で，また式 (2.2) より $p = \dfrac{h}{\lambda}$，式 (4.1) より $\dfrac{1}{\lambda^2} = -\dfrac{1}{4\pi^2}\dfrac{d^2\psi}{dx^2}\dfrac{1}{\psi}$ であるから

$$E - U = -\dfrac{\left(\dfrac{h}{2\pi}\right)^2}{2m}\dfrac{d^2\psi}{dx^2}\dfrac{1}{\psi}$$

となる。よって，波動関数が満たすべき方程式は

$$-\dfrac{1}{2m}\left(\dfrac{h}{2\pi}\right)^2\dfrac{d^2\psi}{dx^2} + U\psi = E\psi \tag{4.2}$$

となる。この方程式は時間を含まない 1 次元の **シュレーディンガーの波動方程式**[3] と呼ばれる。

定常状態の 3 次元シュレーディンガーの波動方程式

$$-\dfrac{\left(\dfrac{h}{2\pi}\right)^2}{2m}\left(\dfrac{\partial^2}{\partial x^2} + \dfrac{\partial^2}{\partial y^2} + \dfrac{\partial^2}{\partial z^2}\right)\psi + U\psi = E\psi$$

$\dfrac{\partial^2}{\partial x^2}$ は着目した変数 x 以外の変数を定数とみなして微分することを意味する。$\dfrac{\partial^2}{\partial y^2}$，$\dfrac{\partial^2}{\partial z^2}$ も同様である。∂ をラウンドディーと読む。

行列力学

シュレーディンガー（E. Schrödinger）は波動方程式を用いて量子力学を作り上げたが，ハイゼンベルグは行列を用いて量子力学を作り上げた。

行列を導入した理由は，原子から放射される光の周波数を実験と合致するようにうまく解説するためである。行列は行列式とは異なり，単なる数値ではなく，多くの数値を同時にもつ数学的記述である。

波動方程式による量子力学と行列による量子力学は外見上まったく異なるが，帰着するところは同等であることをディラック（P. Dirac）は明らかにした。

---

3. シュレーディンガーの方程式 (Schrödinger equation)：粒子に伴うド・ブロイ波が満たすべき波動方程式。

例題 4.1

x 軸の正の向きに速度 v で伝わる波の式が

$$\cos\left(\frac{x}{v} - t\right) \text{ あるいは } \sin\left(\frac{x}{v} - t\right)$$

であることを利用して，次の波が伝わる速度を求めよ．

(1) $A\cos\left(\dfrac{2\pi}{\lambda}x - 2\pi vt\right)$

(2) $A\cos\left(\dfrac{2\pi}{\lambda}x - 2\pi vt\right) + A\cos\left(\dfrac{2\pi}{\lambda}x + 2\pi vt\right)$

(3) $Ae^{i\left(\frac{2\pi}{\lambda}x - 2\pi vt\right)} + Ae^{-i\left(\frac{2\pi}{\lambda}x - 2\pi vt\right)}$

例解

(1) $A\cos\left(\dfrac{2\pi}{\lambda}x - 2\pi vt\right) = A\cos 2\pi v\left(\dfrac{x}{\lambda v} - t\right)$ より，求める速度の大きさは λv で，x 軸の正の向きに伝わる．

(2) $A\cos\left(\dfrac{2\pi}{\lambda}x - 2\pi vt\right) + A\cos\left(\dfrac{2\pi}{\lambda}x + 2\pi vt\right)$

$= 2A\cos\dfrac{2\pi}{\lambda}x \cos 2\pi vt$

より（付録 D「数学公式集」を参照），求める速度はない．すなわち，波は伝わらずに，時間の経過とともに振幅方向の変位だけが上下する定在波である．

(3) オイラーの公式より

$Ae^{i\left(\frac{2\pi}{\lambda}x - 2\pi vt\right)} + Ae^{-i\left(\frac{2\pi}{\lambda}x - 2\pi vt\right)}$

$= 2A\cos\left(\dfrac{2\pi}{\lambda}x - 2\pi vt\right)$

$= 2A\cos 2\pi v\left(\dfrac{x}{\lambda v} - t\right)$

> **オイラーの公式**
> $$e^{ix} = \cos x + i\sin x$$
> この公式より
> $$\cos x = \frac{e^{ix} + e^{-ix}}{2}, \sin x = \frac{e^{ix} - e^{-ix}}{2i}$$
> が成り立つ．

よって，求める速度の大きさは λv で，x 軸の正の向きに伝わる．

問 4.1 次の波が伝わる速度を求めよ。

$$Ae^{i\left(\frac{2\pi}{\lambda}x+2\pi vt\right)} + Ae^{-i\left(\frac{2\pi}{\lambda}x+2\pi vt\right)}$$

4.2 シュレーディンガーの波動方程式の計算例

以降の計算例において，エネルギーが時間的に変化せず，粒子の存在確率が時間的に変化しない定常状態の波動関数を考える。

波動関数 $\psi = Ae^{i\left(\frac{2\pi}{\lambda}x-2\pi vt\right)}$ は

$$Ae^{i\left(\frac{2\pi}{\lambda}x-2\pi vt\right)} = Ae^{i\left(\frac{2\pi p}{h}x-\frac{2\pi E}{h}t\right)} = Ae^{i\frac{2\pi p}{h}x}e^{-i\frac{2\pi E}{h}t}$$

のように変形できるので，定常状態ではエネルギーの項 $e^{-i\frac{2\pi E}{h}t}$ を省略した波動関数だけを考えればよいことになる。

A. 自由電子のとき

一定のエネルギー E をもって x 軸方向を自由に運動している粒子（質量 m）の波動関数 ψ に関する波動方程式は，位置エネルギー $U=0$ として，式 (4.2) より

$$-\frac{1}{2m}\left(\frac{h}{2\pi}\right)^2\frac{d^2\psi}{dx^2} = E\psi$$

である。$k^2 = \dfrac{2mE}{\left(\dfrac{h}{2\pi}\right)^2}$ とおくと

$$\frac{d^2\psi}{dx^2} = -k^2\psi$$

となり，その解は

$$\psi = Ae^{ikx} + Be^{-ikx} \quad (A, B : 任意定数)$$

となる。

> 微分方程式 $\dfrac{d^2y}{dx^2} = -k^2x$ の解は
> $$y = Ae^{ikx} + Be^{-ikx}$$
> または
> $$y = C\sin kx + D\cos kx$$
> となる。どちらでもよい。ただし，A, B, C, D は任意定数である。

第 1 項は粒子が x 軸の正の向きに進行する場合を，第 2 項は反対向きに進行する場合を表す。任意定数 A, B は境界条件によって決定される。

ここで，エネルギー E の粒子が x 軸の正の向きにのみ進行する場合を考

えると

$$\psi = Ae^{ikx}$$

となる。粒子の位置を決めるため、波動関数の絶対値を 2 乗すると

$$|\psi|^2 = A^2 \left|\cos(kx) + i\sin(kx)\right|^2 = A^2\left(\cos^2(kx) + \sin^2(kx)\right) = A^2$$

よって、微小範囲 $[x, x+dx]$ をどこにとっても、その範囲に粒子を見出す確率 $|\psi|^2 dx$ は

$$|\psi|^2 dx = 一定$$

となる。これは、粒子のエネルギーが一定で、運動量がある値に正確に定まっているとき、粒子の位置はまったく不確定になることを示している。つまり、不確定性原理 (2.5 節を参照) に従っている。

> $\psi = e^{ikx}$ のとき
> $|\psi|^2 = |\cos(kx) + i\sin(kx)|^2$
> $\quad = \cos^2(kx) + \sin^2(kx)$
> $\quad = 1$

B. 箱の中のとき

長さ L の 1 次元の箱中に閉じ込められた自由粒子の運動を考える。この具体例としては、ガスボンベ容器に封入された気体ガスや、金属内部に閉じ込められた自由電子などがある。

エネルギー E をもつ自由粒子のシュレーディンガーの波動方程式は

$$-\frac{1}{2m}\left(\frac{h}{2\pi}\right)^2 \frac{d^2\psi}{dx^2} = E\psi$$

であるから

$$k^2 = 2m\left(\frac{2\pi}{h}\right)^2 E \tag{4.3}$$

とおくと

$$\frac{d^2\psi}{dx^2} = -k^2\psi$$

と変形できる。

この解は

$$\psi(x) = A\sin kx + B\cos kx \quad (A, B：任意定数)$$

である（または，$\psi(x) = Ae^{ikx} + Be^{-ikx}$ としても結果は同じになる）。

ここで，境界条件として $\psi(0) = 0$, $\psi(L) = 0$ を代入して

$\psi(0) = B = 0$

$\psi(L) = A\sin kL + B\cos kL = 0$

整理すると

$A\sin kL = 0$

上の式を解くと

$k_n = \dfrac{\pi}{L}n$ （ただし，$n = 1, 2, 3, \cdots$）

よって，求める波動関数は

$\psi_n = A_n \sin k_n x$

となる。

したがって，粒子のエネルギー E_n は，式 (4.3) より

$$E_n = \dfrac{\left(\dfrac{h}{2\pi}\right)^2}{2m}k_n = \dfrac{h^2}{8mL^2}n^2$$

と求まる。

これは，箱の中に閉じ込められている粒子は，離散的な，つまりとびとびのエネルギーしかとり得ないことを示している。この離散的なエネルギーを**エネルギー準位**[4]という。$n=1$ のときの状態をエネルギーが最も低い**基底状態**[5]，それ以外の状態を**励起状態**[6]という。

横軸を箱の長さ，縦軸をエネルギー準位にとり，そのエネルギーに対応した波動関数を図 4.2 に示す。これは両端を固定した弦の定在波と同じ形式であることがわかる。図 4.3 には各エネルギーにおける粒子の存在確率密度 $|\psi_n|^2$ を示す。

---

[4] エネルギー準位（energy level）：粒子が束縛されて定常状態にあるとき，とびとびにしかとれないエネルギーの値。
[5] 基底状態（ground state）：エネルギー準位の中で最低のエネルギーに属する状態。
[6] 励起状態（exited state）：エネルギー準位の中で最低エネルギー以外のエネルギー準位に属する状態。

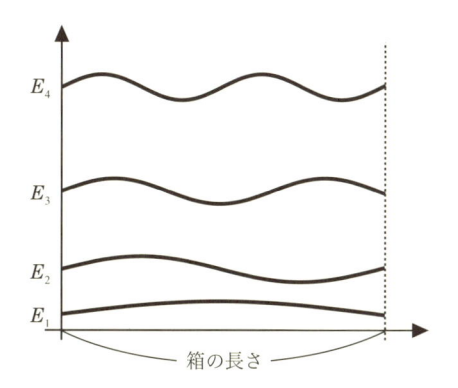

図 4.2　箱の中のエネルギー準位と波動関数

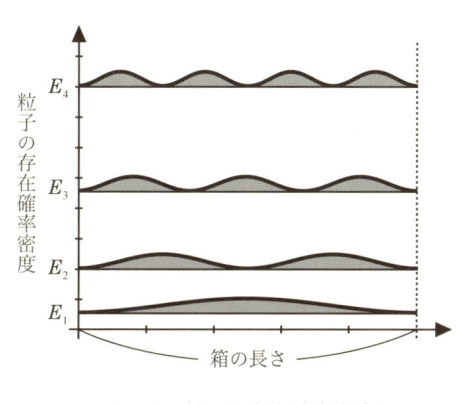

図 4.3　粒子の存在確率密度

―― 例題 4.2 ――

長さ 100 [nm] の箱に閉じ込められた電子を，基底状態からすぐ上のエネルギー準位に励起するには，どのくらいの波長の電磁波を当てるとよいか。

例解

長さ L の箱に閉じ込められた質量 m の粒子がもつエネルギーは

$$E_n = \frac{h^2}{8mL^2}n^2 \quad (n = 1, 2, 3, \cdots)$$

であるから，基底状態のエネルギーとすぐ上のエネルギー差は

$$E_2 - E_1 = \frac{h^2}{8mL^2}(2^2 - 1^2) = \frac{3h^2}{8mL^2}$$

一方，波長 λ の電磁波のエネルギーは $\dfrac{hc}{\lambda}$ であるから，求める波長 λ は

$$\lambda = \frac{8mL^2 c}{3h}$$

この式に $h = 6.33 \times 10^{-34}$ [J·s]，$m = 9.11 \times 10^{-31}$ [kg]，$c = 3.00 \times 10^8$ [m/s]，$L = 100 \times 10^{-9}$ [m] を代入すると

$$\lambda = 1.1 \times 10^{-2} \text{ [m]}$$

となる。

―― 例題 4.3 ――――――――――――――――――――
質量 1 [g] の粒子を 1 [cm] の箱に閉じ込めるとき，基底状態でのエネルギーとすぐ上のエネルギー準位の差は何 [eV] か。

例解

箱の中の粒子のエネルギー E_n は

$$E_n = \frac{h^2}{8mL^2} n^2$$

であるから

$$\Delta E = E_2 - E_1 = \frac{3h^2}{8mL^2} \text{ [J]}$$

これを換算すると

$$\Delta E = \frac{3h^2}{8mL^2} \frac{1}{1.6 \times 10^{-19}} \text{ [eV]}$$

となる。

この式に，$h = 6.33 \times 10^{-34}$ [J·s]，$m = 1 \times 10^{-3}$ [kg]，$L = 1 \times 10^{-2}$ [m] を代入すると

$$\Delta E = 1.0 \times 10^{-41} \text{ [eV]}$$

となる。

つまり，質量，箱のサイズが日常的な大きさになると，エネルギー準位の

差が非常に小さくなる．実質的には連続であると考えてよく，エネルギーの量子化が見られない．

問 4.2 束縛状態にある粒子のエネルギー準位はすべて量子化されているか．

問 4.3 例題 4.2 の場合で，電子を基底状態から二つ上のエネルギー準位に励起するためにはどのような波長の電磁波が適当か．

C. トンネル効果

図 4.4 に示すような**位置エネルギー**[7] U の壁に向かって，エネルギー E ($<U$) の粒子が x 軸の正の向きに進行するとき，粒子の波動関数がどうなるかを調べてみる．

1) $x<0$ において

シュレーディンガーの波動方程式は

$$-\frac{1}{2m}\left(\frac{h}{2\pi}\right)^2 \frac{d^2\psi_1}{dx^2} = E\psi_1$$

であるから，$k^2 = 2m\left(\dfrac{2\pi}{h}\right)^2 E$ とおくと

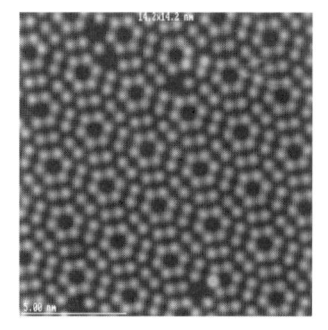

写真提供：日本電子（株）

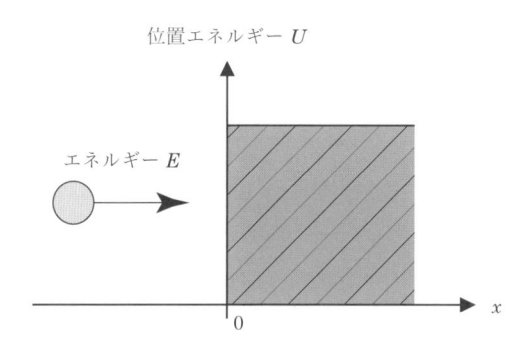

図 4.4 位置エネルギーの壁に衝突する粒子

---

7. 位置エネルギー（potential energy）：保存力によるエネルギー．ポテンシャルエネルギー（単にポテンシャル）ともいう．

$$\frac{d^2\psi_1}{dx^2} = -k^2\psi_1$$

となり，この解は

$$\psi_1 = Ae^{ikx} + Be^{-ikx} \quad (A, B：任意定数)$$

である。

任意定数 A, B は境界条件から決められるが，次の 2) と併せて考える。第 1 項は x 軸の正の向きに進行する波を，第 2 項は反対向きに進行する波を示している。

2) $x \geq 0$ において

シュレーディンガーの波動方程式は

$$-\frac{1}{2m}\left(\frac{h}{2\pi}\right)^2 \frac{d^2\psi_2}{dx^2} + U\psi_2 = E\psi_2$$

である。ここで $U-E > 0$ であるから，$a^2 = 2m\left(\dfrac{2\pi}{h}\right)^2 (U-E)$ とおくと

$$\frac{d^2\psi_2}{dx^2} = a^2\psi_2$$

になる。この解は

$$\psi_2 = Ce^{ax} + De^{-ax} \quad (C, D：任意定数)$$

である。

ここで，1), 2) における任意定数 A, B, C, D を境界条件から決めてみる。まず，$x \to \infty$ において波動関数の絶対値の 2 乗値，つまり粒子が存在する確率は有限でなければならないことから

$$C = 0$$

となる。

次に，$x = 0$ において波動関数 ψ_1, ψ_2 が連続で，かつ滑らかに接続されなければならない。このことをそれぞれ式で表すと

$$\psi_1 = \psi_2$$
$$\frac{d\psi_1}{dx} = \frac{d\psi_2}{dx}$$

である。この境界条件より

$$A + B = D$$
$$ik(A - B) = -aD$$

となり，これらを解くと

$$B = \frac{k - ia}{k + ia} A$$

$$D = \frac{2k}{k + ia} A$$

この結果から注目すべきこととして，$x > 0$ において粒子の存在確率密度が

$$|\psi_2|^2 = |D|^2 e^{-2ax} = |D|^2 e^{-\left(\frac{4\pi}{h}\right)\sqrt{2m(U-E)}\,x}$$

となり，ゼロではないことがわかる。x が大きくなるに従い，粒子の存在確率密度は急激に小さくなるが，ゼロではない。

ニュートン力学の場合と違い，位置エネルギーの壁が薄ければ，図 4.5 に示すように粒子はその壁を通り抜けることができるようになる。この現象をトンネル効果[8]という。決して電子が活性化して壁を乗り越えたわけではない。

原子核からアルファ粒子が放出されるアルファ崩壊は自然現象として見

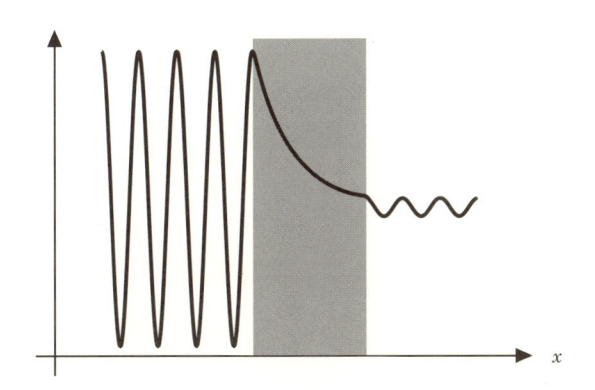

図 4.5　薄い位置エネルギー壁でのトンネル効果と波動関数

---

8. トンネル効果（tunnel effect）：粒子がエネルギー的には越えることができない位置エネルギーの障壁を通り抜ける現象。

られるトンネル効果である。また人工的にトンネル効果を活用したダイオードがある。それを発明者の名をとって**エサキダイオード**（または**トンネルダイオード**）という。また，トンネル効果によるトンネル電流を利用した走査型トンネル顕微鏡がある。これは，レンズ系を不要とせず，しかも真空以外の環境下でも使用可能な高分解能顕微鏡で，原子表面の凹凸を観測することができる。

例題 4.4

位置エネルギーの壁が

$x<0$ において　（位置エネルギー）$=0$

$x\geq 0$ において　（位置エネルギー）$=-U$

で，x の負の方向から正の方向にエネルギー E $(>0>-U)$ をもつ粒子が進行するとき，粒子の反射率はいくらか。

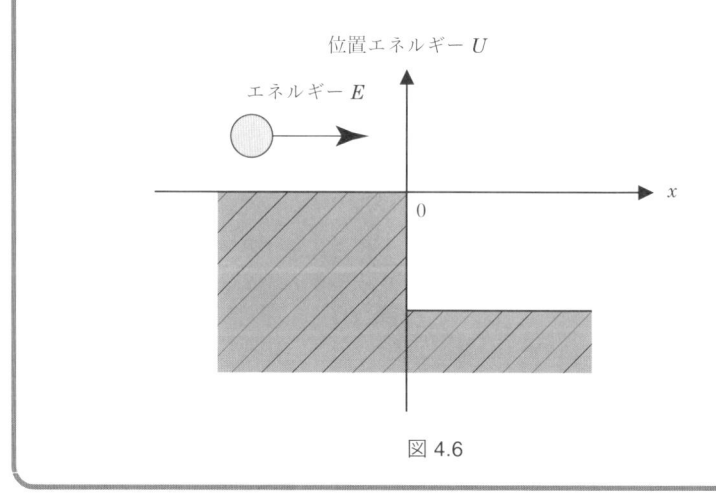

図 4.6

例解

1) $x<0$ において

シュレーディンガーの波動方程式は

$$-\frac{1}{2m}\left(\frac{h}{2\pi}\right)^2 \frac{d^2\psi_1}{dx^2} = E\psi_1$$

である。$k^2 = 2m\left(\dfrac{2\pi}{h}\right)^2 E$ とおくと

$$\frac{d^2\psi_1}{dx^2} = -k^2\psi_1$$

となる。この解は

$$\psi_1 = Ae^{ikx} + Be^{-ikx} \quad (A, B：任意定数)$$

である。

2) $x \geq 0$ において

シュレーディンガーの波動方程式は

$$-\frac{1}{2m}\left(\frac{h}{2\pi}\right)^2 \frac{d^2\psi_2}{dx^2} - U\psi_2 = E\psi_2$$

である。$a^2 = 2m\left(\dfrac{2\pi}{h}\right)^2 (E+U)$ とおくと

$$\frac{d^2\psi_2}{dx^2} = -a^2\psi_2$$

となるので，この解は

$$\psi_2 = Ce^{iax} + De^{-iax} \quad (C, D：任意定数)$$

である。

ここで，任意定数 A, B, C, D を境界条件から決める。まず，$x \geq 0$ において粒子は右側から左側に進行しないので

$$D = 0$$

である。

次に，$x = 0$ において波動関数 ψ_1, ψ_2 が連続で，かつ滑らかに接続されなければならないから

$$\psi_1 = \psi_2$$
$$\frac{d\psi_1}{dx} = \frac{d\psi_2}{dx}$$

を満たす。この境界条件より

$$A + B = C$$
$$k(A - B) = aC$$

これを解くと

$$B = \frac{k-a}{k+a}A$$

$$C = \frac{2k}{k+a}A$$

となる。よって求める反射率 $\left|\frac{B}{A}\right|^2$ は

$$\left|\frac{B}{A}\right|^2 = \left(\frac{k-a}{k+a}\right)^2$$

となる。ニュートン力学では反射率がゼロであるが，量子論では粒子の反射率がゼロではなくなる。

問 4.4 図 4.4 (p.61) における粒子の反射率 $\left|\frac{B}{A}\right|^2$ を求めよ。

問 4.5 トンネル効果において，粒子が越えられない位置エネルギーの壁を通り抜けるとき，その粒子 1 個が完全に通り抜けるのか，それとも一部分だけが通り抜けると考えるのかを答えよ。また反射のときはどうか。

シュレーディンガーの猫

量子力学の開拓者の一人であるシュレーディンガーは，量子力学が抱える問題点を指摘した。これが有名な「シュレーディンガーの猫」と呼ばれるパラドックスである。これは量子力学での「観測」というものをいかに解釈するかについての問題点を提起している。

内側が見えない箱の中に猫 1 匹と，猫が触れない位置に青酸カリを発生する装置を入れておく。その装置には放射性元素をセットしておき，この放射性元素からアルファ粒子が 1 時間に 50％の確率で飛び出すようにしておく。さらにアルファ粒子が飛び出せば，装置は青酸カリを発生するようにしておく。そして，青酸カリが発せられると猫はかならず死に，青酸カリが発せられなければ猫は生きたままであるという思考実験をする。

さて，1 時間後の猫はどうなっているだろうか。放射性元素からアルファ粒子が飛び出すかどうかを正確には決めることはできない。ただ，確率的には半分半分である。量子力学によると「猫を観測するまでは，猫は

生の状態と死の状態が混合した状態（重ね合わせ状態）である」と表現されるから

1) 箱を開ける前の 1 時間後の猫は半分だけ死んで半分は生きている状態になっている。
2) しかし，箱を開けた途端に猫は生か死のどちらか一方の状態に瞬間的に決まる。

半分死んで半分が生きているという猫はあり得ないし，箱を開けた瞬間に生死のどちらかの状態に決まるということをどのように考えるとよいのだろうか。観測しようが観測しまいが猫の生死は決まっているのではないかとシュレーディンガーは問題提起した。

この猫の例は，4.2 節 B 項「箱の中のとき」の粒子がとり得るエネルギー準位と類似している。つまり，

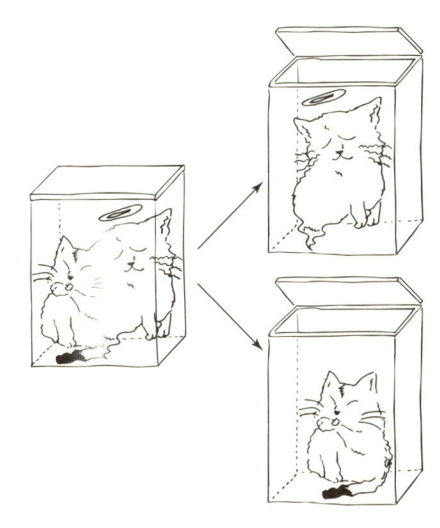

図 4.7　シュレーディンガーの猫

エネルギー測定前の自由粒子の状態はその粒子がとり得るすべてのエネルギー準位の状態を重ね合わせた状態であるが，エネルギーを測定するとどれか一つのエネルギー準位に決定される。

多数の猫と猫の数だけの箱を用意し，各箱に猫を 1 匹ずつ入れる。1 時間後に箱を一斉に開けてみると，半分の猫は死に半分の猫はたしかに生きていることがわかる。また，箱にのぞき窓をつけて猫を観察し続けると，猫の生死の割合が時間の経過とともに変化いく様子が，量子力学の結論と違わない。量子力学は 1 匹の猫の偶然性を認め，多数の猫を想定すると避けられない必然性を主張しているといえる。

相対論 —— プロローグ

　1905年に発表されたアインシュタインの特殊相対性理論は，従来の空間と時間の概念をまったく一新する革命的なものであった。それによると，運動する物体は，静止しているときに比べ運動方向の長さが縮み，その物体に乗っている人の時計は遅れる。さらに，運動する物体の質量は増加し，質量はエネルギーにほかならない。

重力レンズ　　　© NASA

　このような一見奇妙に思える特殊相対性理論の結論は，次の二つの原理から導かれたローレンツ変換が原因となっている。

1）相対性原理

　　「自然法則はすべての慣性系において同じである」

2）光速度不変の原理

　　「光の速度は光源や観測者の速度によらず一定である」

　アインシュタインはこれらの原理をもとに，まったく独力でローレンツ変換を導いているが，ローレンツ変換という名前が示すとおりアインシュタインが最初に導いたわけではない。ローレンツ変換を最初に導いたのはフォークト（W. Voigt）であり，その後，フィッツジェラルド（F. FitzGerald），ローレンツ（H. A. Lorentz），ラーモア（J. Larmor）がそれぞれ独自に導いたといわれている。いずれも特殊相対性理論が発表された1905年以前のことである。また，特殊相対性理論でいう時間の相対性（慣性系ごとに時間の流れ方が異なる）についても，ポアンカレ（H. Poincare）が1989年の論文で考察している。つまり，特殊相対性理論はアインシュタインの登場以前に，数学的にはもちろん，物理的な概念としても生まれつつあったと考えられる。そ

の意味でアインシュタインの登場は歴史の必然であったともいえる。

しかし，アインシュタイン以前のローレンツ変換の導出は，実際に行われた実験結果をどうすれば説明できるかという問題が先にあり，実験式として導かれたのである。アインシュタインの導出法はそれとはまったく逆で，最初に二つの原理をすえ，そこから演繹的に実験結果を説明する式を導きだした。その意味で，相対性原理と光速度不変の原理だけからローレンツ変換を導き出したのはアインシュタインが最初であった。

特殊相対性理論が予言するのは，光速度に近い速さで動く物体に対して顕著に現れてくる現象である。つまり

$$\sqrt{1-\frac{v^2}{c^2}}$$

の値が，1 に近似できないような高速度 v で運動する物体が対象になる。そのような高速度の運動に直接は触れることのないわれわれにとっては，特殊相対性理論が予言する世界は，あくまで常識外の世界であるかもしれない。したがって，相対性理論を学んだにしても，すぐに理解し納得できる人は少ないのではないかと思われる。そのため，相対性理論に関する解説書は実にたくさん出版されている。しかし，それらはたいていお話だけで済ませている表面的な啓蒙書か，難しい数式で一杯の専門書かのどちらかである。そこで本書は，この両者の中間をねらって書くこととし，高校の数学，物理程度の知識で扱える範囲のテーマに対象を絞り，その範囲内では論理性を失わず結論まで辿り着け，かつ納得してもらえるように心がけたつもりである。そして意識はしなくても，先端技術という形でわれわれの生活の中に入り込んできている相対性理論について興味をもっていただきたいと思う。

相対性理論（相対論）は特殊相対性理論と一般相対性理論からなる。第 5 章では，われわれが日常的に使っている先端技術の中に現れる相対論効果について述べ，第 6 章で特殊相対性理論についてくわしく解説する。また，一般相対性理論については内容には深く入ることはせず，概略の説明といくつかのトピックスを示すことにとどめる。

第5章
先端技術に見る相対論

GPS 衛星　　　© NIMA

5.1 カーナビ（GPS）

　カーナビは GPS (Global Positioning System) 衛星を使って，車の位置を知る技術である．GPS 衛星は地上約 2 万 [km] の高度に打ち上げられ，その位置は正確に把握されている．また，すべての衛星には **原子時計**[1] が搭載されていて，衛星からの電波を受信することにより，電波の発射時刻と受信時刻を用いて受信機から衛星までの距離が求められる．したがって，原理的には 3 機の GPS 衛星があれば受信機（車）の 3 次元の位置（緯度，経度，高度）が計算できる．しかし，受信機の時計は原子時計ではなく **水晶時計**[2] であり，精度はそれほどよくない．そこで，受信機の時計の誤差を正確に知るために，GPS 衛星をもう 1 機増やして 4 機を使う．つまり，受信機の位置（3 次元）と時計の誤差を未知数にもつ 4 元連立方程式を解くことにより，正確な受信機（車）の位置を求めている（次ページの図 5.1 参照）．現在 GPS 衛星は予備衛星も含めて 27 機が稼動中であり，地上のほとんどの場所から 4 機以上の衛星が見える状態で運用されている．ちなみに日本では，常時 6 〜 7 機の衛星から電波が受信できる状態にある．

　さて，カーナビは相対論の重要な原則である「光速度不変の原理」（6.1 節でくわしく述べる）に基づいて作られている．つまり，**エーテル**[3]（光を伝える媒質）の存在を認める立場では，光速度はエーテルの風の方向によって変わってくる．たとえば，太陽をまわる地球の速度は秒速 30 [km] であり，光

---

1. 原子時計（atomic clock）：原子または分子の特定のエネルギー準位間の遷移による現象を利用した周波数および時間の基準（時計）で，きわめて精度が高い．
2. 水晶時計（quartz clock）：共振回路に水晶振動子を用いた発信器を使った時計．
3. エーテル（ether）：電磁場の媒質として宇宙を一様に満たしているとかつて想定されていた物質．

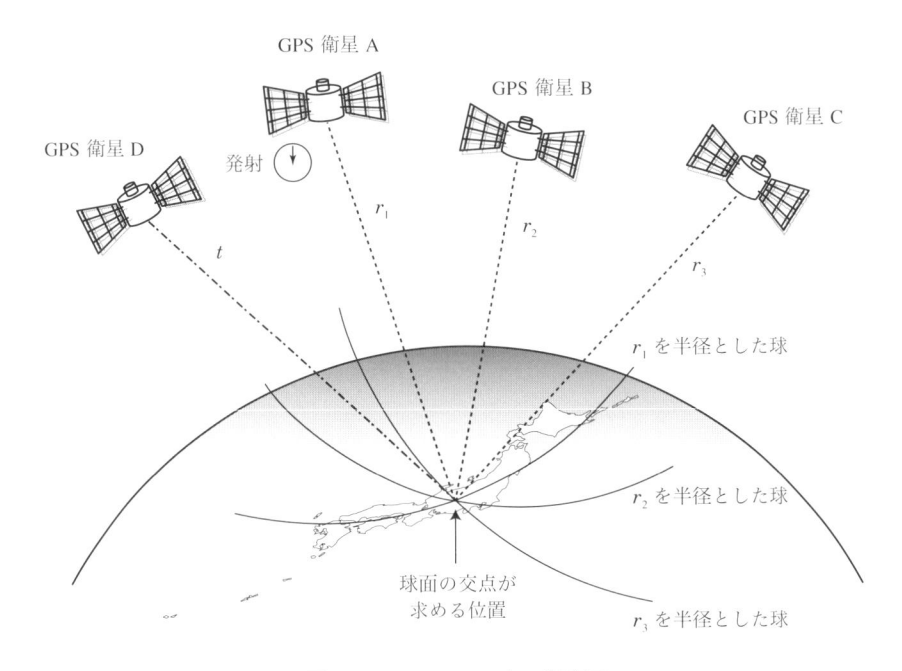

図 5.1 の中のラベル: GPS 衛星 D、GPS 衛星 A、GPS 衛星 B、GPS 衛星 C、発射、r_1、r_2、r_3、t、r_1 を半径とした球、r_2 を半径とした球、r_3 を半径とした球、球面の交点が求める位置

図 5.1　GPS システムの概念図

速の 10^{-4} 倍である．もし光速が地球の位置により 10^{-4} 程度変化すれば，衛星までの距離が 2 万 [km] であるので，測定誤差は 2 [km] となりまったく実用にならないシステムになってしまう．つまり，カーナビは相対論が主張する「光速度不変の原理」の上に成り立つ技術であるといってよい．

　さらに，カーナビは相対論と密接な関係をもっている．GPS 衛星は 12 時間で地球を 1 周する速度をもっている．したがって，次章で述べるように，特殊相対性理論により運動する物体の時計が遅れることになる．また，GPS 衛星は地上約 2 万 [km] の上空を飛行しているので，後で触れる一般相対性理論の効果として，逆に地上に置かれた時計に対して時間が進む．この二つの逆の効果の合計は時計の進みになる．つまり，GPS 衛星の時計はこの進みを補正しないと正確な計算ができないことになる．そこで GPS 衛星では，計算された時計の進み（4.45×10^{-10} [s]）だけ電波の周波数にオフセットがかかっている．たとえば 10.23 [MHz] の基準周波数を使う場合は，相対論的補正項を入れて，10.23 [MHz] $-$ 0.00455 [Hz] を基準周波数としている．つまり，地上の時計（車の時計）より衛星の時計のほうが相対論的効果により

4.45×10^{-10} [s] だけ速く進むので，それだけ周波数を遅らせた信号を地上に送るようにしているのである．

5.2 原子力発電

われわれが日常使用している電気の約1/3は原子力発電によってまかなわれている（図5.2参照）．原子力発電の良し悪しについてここで述べることはしないが，現実問題として，われわれは知らず知らずのうちに核分裂によるエネルギーを利用していることになる．この核分裂のエネルギーは，アインシュタインの相対性理論の中でも最も一般の人に知られた式，$E=mc^2$ を用いて説明することができる．

原子力発電の原料として，ウラン（U）を使うものとプルトニウム（Pu）を使うものがあるが，ここではウランを使う場合についてその原理を説明する．次ページの図5.3に示すように，ウランに中性子をぶつけると，ウランの原子核が分裂する．これが核分裂である．そして，分裂したウランはキセノン（Xe）とストロンチウム（Sr）という別の原子になる．この分裂の際に，

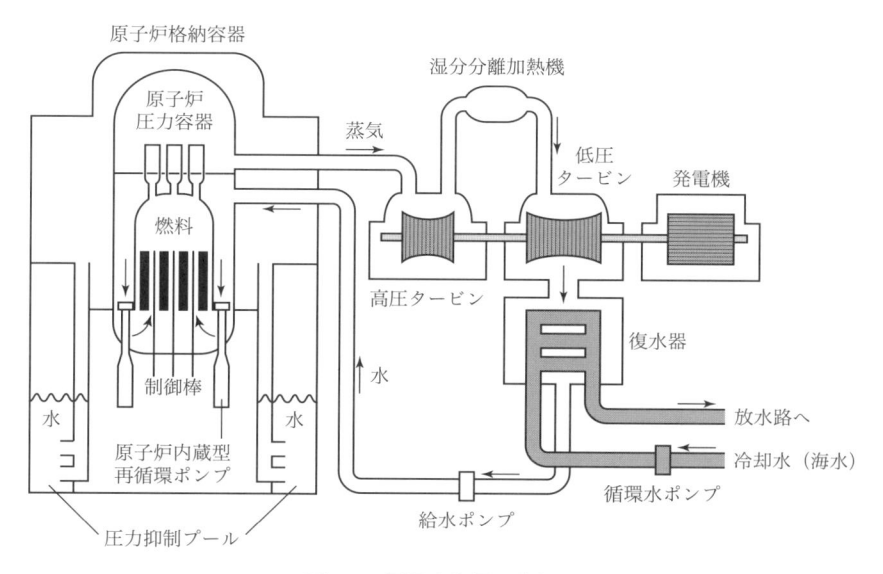

図5.2　原子力発電の仕組み

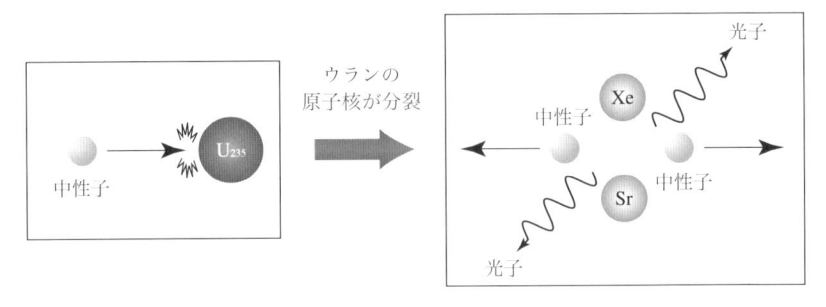

図 5.3　ウランの核分裂反応

最初にあったウランと中性子の総質量と，分裂後のキセノンとストロンチウムと中性子の総質量とは等しくならず，減少している。そして，減少した質量 Δm は式 $E = mc^2$ に従い，Δmc^2 のエネルギーに変換される。このエネルギーは，その大部分が周囲に飛び出す光子と中性子に与えられ，原子炉の周囲にある水を加熱する。この高温の水により蒸気タービンをまわし，電力を作り出す。

　原子力発電により取り出せるエネルギーの大きさは，同量の原材料で比較すれば通常の火力発電に比べて非常に大きくなる。いま 1 [kg] の質量が核分裂反応により減少しエネルギーに変換されたとすると，そのエネルギーの大きさは

$$E = \Delta mc^2 = 1 \times (3.0 \times 10^8)^2 = 9 \times 10^{16} \quad [\text{J}]$$

となる。このエネルギーは，約 300 万トンの石炭を燃やしたときのエネルギーに等しい。

第6章
特殊相対性理論

A. Einstein

6.1 光の速度

A. 光とは何か

　光に対する理解は，歴史的に見ても大きな変化を経てきた。また，光はそれを伝える空間の理解と切り離しては考えられない。以下にその歴史的変化について簡単に述べる。

　ニュートン（I. Newton）は空間を，その中で起きるすべての現象とは無関係に存在すると考えていた。つまり，何もないのが空間であって，光を伝える媒質もないと考えていた。したがって，光は粒子として空間の中を飛んでくるという「光の粒子説」をとったのは，彼の空間の理解からすれば無理のないことであった。

　一方，オランダのホイヘンス（C. Huygens）は光を波と考えて，光の回折や干渉の現象を説明した。「光の波動説」では，光を伝える媒質が空間を満たしていると考え，この媒質をエーテルとよんだ。ホイヘンスやヤング（T. Young）は，エーテルは気体であり，光の波は音の波と同様に縦波であると考えていた。しかし，フレネル（A. J. Fresnel）は**複屈折**[1]の現象を説明するために光は横波であるとしたが，横波は気体中では伝わらない。このように，光の伝わる媒質としてのエーテル説は，いろいろな矛盾を抱えていた。

　電磁気学を集大成したマックスウェル（J. C. Maxwell）は，電磁波を記述する方程式を導き，電磁波が波として伝わることを示した。この波の速さを

---

1. 複屈折（double refraction）：光学的異方性をもつ媒質に光が入射するとき，一般に二つの屈折光が現れる現象。

計算した結果，光の速度と一致したことから，マックスウェルは「光の電磁波説」を提唱した。その後ヘルツ（H. R. Hertz）の実験により，光が電磁波であり，横波であることが明らかになった。しかし，マックスウェルも光（電磁波）の伝わる媒質としてエーテルが必要だと考えていた。そして，エーテルは宇宙に対して静止していると考え，その中を運動する地球上で，光の伝播実験を行うことにより，エーテルに対する地球の動きが検出できると考えた。この実験が，マイケルソン（A. A. Michelson）とモーレー（E. W. Morley）によって試みられた。以下にその詳細を述べる。

B. マイケルソン・モーレーの実験と光速度不変の原理

マイケルソンとモーレーによって行われた実験の概略図を図 6.1 に示す。この図は原理を説明するための図であり，実際の実験よりはるかに簡略化されている。

光源 S から出た光線を半透明の鏡 M で二つの方向（MA, MB）に分け，鏡 A と B で反射された光線が合わさって観測点 O に置かれたスクリーン上に作られる干渉縞[2]を観測する。いま，SB の向きが地球の公転方向（速度の方向）と一致しているとする。また，光を伝える媒質であるエーテルは静止しており，エーテルに対する光速を c，地球の公転速度を v とする。

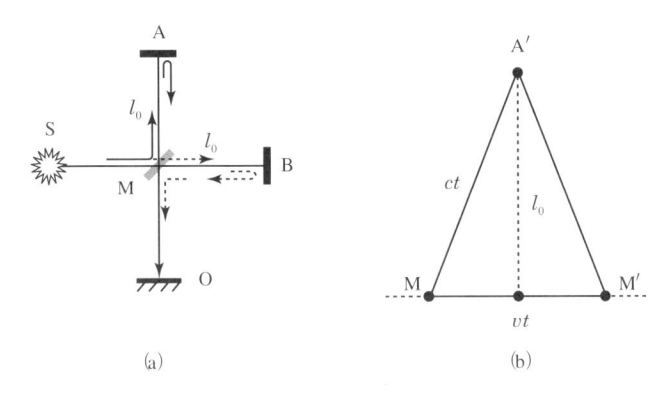

図 6.1　マイケルソン・モーレーの実験

---

2. 干渉縞（interference pattern）：光の干渉で，強めあったり弱めあったりする関係が方向あるいは位置によって異なるために現れる縞模様。

光が鏡 M から A に達する間の時間を t とすると,この間に地球は vt だけ移動する(地上の実験装置も同様に vt だけ動く)。したがって,光が M から A に達する経路を静止しているエーテルに対して図示すると,図 6.1 (b) の MA' になる。ここで l_0 は実験装置の MA の距離を表している。三平方の定理より

$$(ct)^2 = l_0^2 + (vt)^2 \tag{6.1}$$

であり,書き換えると

$$(c^2 - v^2)t^2 = l_0^2 \tag{6.2}$$

となる。したがって,地球の運動に垂直な MA 方向に進んだ光が M と A の間を往復する時間は

$$t_1 = 2t = \frac{2l_0}{c\sqrt{1 - \dfrac{v^2}{c^2}}} \tag{6.3}$$

と求まる。

次に,地球の公転運動に平行な MB 方向に進んだ光が,M から B に達するのにかかる時間を t_2' とする。この間に鏡 B は vt_2' だけ右へ動いているから

$$ct_2' = l_0 + vt_2' \tag{6.4}$$

となる。書き直せば

$$t_2' = \frac{l_0}{c - v} \tag{6.5}$$

と表される。さらに光が鏡 B から M へ戻るのに要する時間を t_2'' とすれば,この間に M は vt_2'' だけ右に動いているから

$$ct_2'' = l_0 - vt_2'' \tag{6.6}$$

あるいは

$$t_2'' = \frac{l_0}{c + v} \tag{6.7}$$

と書き表される。したがって,光が MB を往復する時間 t_2 は

$$t_2 = t_2' + t_2'' = \frac{l_0}{c - v} + \frac{l_0}{c + v} = \frac{2l_0}{c\left(1 - \dfrac{v^2}{c^2}\right)} \tag{6.8}$$

となる。地球の公転速度は $v \approx 30$ [km/s] であり，光速度は $v \approx 30$万 [km/s] であって，$v/c \approx 0.0001 \ll 1$ である。このように，v/c は 1 より十分小さいので，以下のように近似できる。

$$t_1 \approx \frac{2l_0}{c}\left(1 + \frac{1}{2}\frac{v^2}{c^2}\right)$$
$$t_2 \approx \frac{2l_0}{c}\left(1 + \frac{v^2}{c^2}\right)$$
(6.9)

その差は

$$t_2 - t_1 \approx \frac{l_0}{c}\frac{v^2}{c^2}$$
(6.10)

で表される。もし光が静止エーテルに対して一定の速さで伝わり，地球がエーテルの中を運動しているならば，その影響は v/c の 2 乗程度の量として検出されることになる。v^2/c^2 は 10^{-8} 程度であるが，マイケルソンの開発した干渉計[3]で十分測れるはずの量である。

マイケルソンとモーレーは，この実験装置（干渉計）を水銀の上に浮かせ，これを静かに 90 度回転させた。こうすれば，MA が地球の運動方向に一致し，MB がこれに垂直になる。そうすると，上式の t_1 と t_2 の関係が逆になり，干渉の様子が変わるはずである。つまり，90 度回転するときに干渉縞のずれが観測されることになる。しかし，このずれは観測されなかった。マイケルソンとモーレーはこのような実験を何度も行ったが，エーテルに対する地球の運動を検出することはできなかった。

> 近似公式
> $x \ll 1$ のとき
> $(1+x)^n \approx 1+nx$
> と近似される。したがって
> $$\frac{1}{\sqrt{1-x}} = (1-x)^{-\frac{1}{2}} \approx 1 + \frac{1}{2}x$$
> $$\frac{1}{(1-x)} = (1-x)^{-1} \approx 1+x$$
> となる。

エーテルの存在を前提にし，この実験結果を合理的に説明するためには，式 (6.8) の l_0 を $l_0\sqrt{1-v^2/c^2}$ に置き換えればよい。こうすれば，式 (6.3) の t_1

---

3. 干渉計（interferometer）：光の干渉を観測する装置で，普通は一つの光源から出た光を二つ以上に分け，適当な方法で波面をずらして干渉させる。

は式 (6.8) の t_2 と一致するからである．このことは，地球の運動方向には長さが $\sqrt{1-v^2/c^2}$ 倍に縮むことを意味している．ローレンツ（H. A. Lorentz）はこれを一般化して，長さ l_0 の物体がその長さ方向に速度 v で運動するとき，その長さは

$$l = l_0 \sqrt{1 - \frac{v^2}{c^2}} \tag{6.11}$$

になると考えた．これを **ローレンツ収縮** という．

しかし，実際に物体が収縮するならば，物体の弾性率の違いによる収縮の度合いも異なってくると考えられるし，屈折率などの物性の変化としても現れてくることが予想されるが，そのような変化は認められなかった．そのため，このような解釈は完全に行きづまってしまったのである．つまり，マイケルソン・モーレーの実験結果に対する新しい理解が必要となったのである．そこで登場したのが，これから述べる特殊相対性理論である．

アインシュタインは，マイケルソン・モーレーの実験は次のようなことを主張していると考えた．

1) 光の速度は光源の運動によらない．
2) 光の速度は観測者の速度によらない．

これを **光速度不変の原理** という．この光速度不変の原理は相対性理論の根本原理である．

6.2　時間

A. 同時刻とは

ニュートンは，宇宙のどこでも，そしてどの観測者にも共通する絶対時間を考えていた．したがって，ある観測者にとって同時刻に発生する現象は，どの観測者にとっても同時刻であるとした．これに対し，アインシュタインはこのような同時刻の概念を捨てることから出発し，相対性理論を作り上げたのである．

相対性原理と慣性系

特殊相対性理論においては次のことがいえる。
　「自然法則はすべての慣性系に対して同じである」
これを **相対性原理** という。ここで慣性系とは，光がすべての方向に同じ速さで進むように見える観測者の座標系をいう。また，ある慣性系に対して等速度で動く座標系も慣性系である。

　ある慣性系の同一場所で二つの現象が同時刻に発生した場合，ほかの慣性系の観測者にとってもこれは同時刻である。このことは相対性理論においても正しい。問題は違う場所で起こった二つの現象がほかの慣性系でも同時刻かどうかである。この問題について検討してみる。

　図 6.2 に示すように左から右へ一定の速度 v で走っている 1 台の電車を考え，電車の中央で光のパルスを左右に同時に放出したとする。電車の前方と後方の壁は光源から等距離にあるから，電車の中の観測者にとっては，光は前方と後方の壁に同時刻に到達する。

　この様子を地上で見ている観測者があり，観測者に対し電車は右方向に速度 v で走っている。この観測者にも，光は電車の中央から同時刻に左右に放射され同じ速度（光速度）で左右に進む。このとき前方の壁は右に進む光から遠ざかるのに対し，後方の壁は左へ進む光に対し近づいていく。そのため左へ進む光のほうが，右に進む光よりもはやく壁に達し，同時刻ではないことが明らかである。このように，同時刻に放射された二つのパルスが違う場所に到達するという現象は，電車の中の観測者にとっては同時刻でも，地上（電車の外）の観測者にとっては同時刻ではない。つまり，違う場所で起き

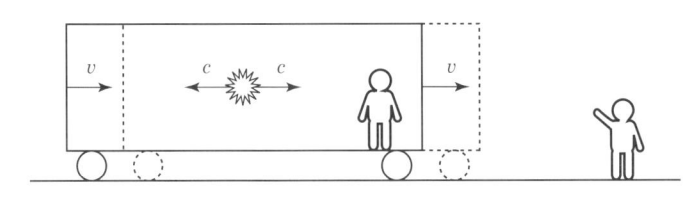

図 6.2　同時刻の相対性

る二つの現象について，それが同時刻かどうかは観測者の運動によって違ってくるのである．

B. 時間の相対性

時間を測るためには理想的な時計が必要である．ここでは，相対性理論の基本原理である光速度不変の原理に基づいた光時計を用いる．この光時計の単位時間は，ある一定の距離を光が往復する時間と決める（図 6.3 参照）．

同じ慣性系の中のいくつかの光時計を合わせることは問題なくできる．互いに運動している慣性系内の時計合わせは，二つの慣性系の間で光を往復させることによって行う．つまり，図 6.4 に示すように，慣性系 1 から時刻 t_1 に光を出し，これを慣性系 2 の時計が受けた時刻 t_2 を記録すると同時に光を送り返す．

帰ってきた光を慣性系 1 の時計が受けた時刻を t_1' とする．このとき

$$t_2 = \frac{t_1 + t_1'}{2}$$

が成り立てば二つの慣性系の時計は合っているといえる．

さて，光時計（図 6.3 参照）の二つの鏡の間の距離を x とし，光速を c とすると，光が鏡の間を往復する時間（単位時間）は

$$\tau = \frac{2x}{c} \tag{6.12}$$

である．いまこの時計をもった観測者が慣性系 A_0 にいて，地上に静止した観測者（慣性系 A）に対し，速度 v で動いているとする．このとき，地上の観測者 A から見ると慣性系 A_0 の光時計の光は斜めに走ることになる（図 6.5

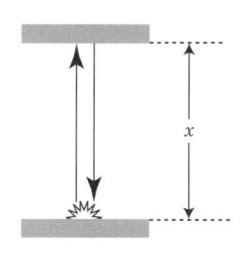

図 6.3　光時計

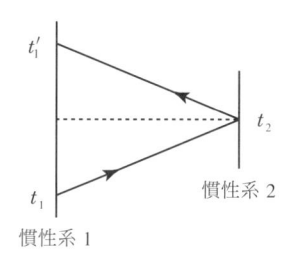

図 6.4　時計合わせ

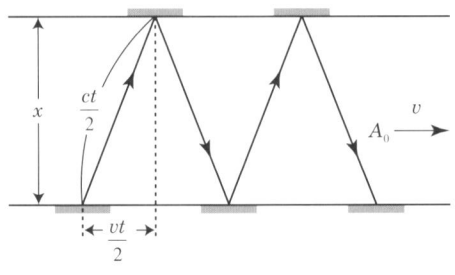

図 6.5 時間の相対性

参照)。光の往復時間を t とすると，三平方の定理より

$$\left(c\frac{t}{2}\right)^2 = x^2 + \left(v\frac{t}{2}\right)^2 \tag{6.13}$$

となる。したがって，式 (6.12) と (6.13) より x を消去すると

$$\tau = t\sqrt{1-\frac{v^2}{c^2}} \tag{6.14}$$

が得られる。

ここで，τ は慣性系 A_0 の観測者が見る時間であり，その運動によらないので固有時と呼ばれている。式 (6.14) より $t > \tau$ であることがわかる。つまり，静止した観測者（この場合は慣性系 A の観測者）にとって，動いている観測者（この場合は慣性系 A_0 の観測者）の時計はゆっくり進むように見えることを意味している。「動いている時計は遅れる」のである。

素粒子の寿命

電子や陽子などを除き，素粒子は一般的に不安定であり，崩壊して他の粒子に変わることがある。中間子の一つであるミューオン (muon) が，崩壊して 1 個の電子と 2 個のニュートリノ (neutrino) に変わる。静止しているミューオンの半減期は 1.5 [μs]（10^{-6} 秒）である。宇宙線（高エネルギーの陽子）が上空の大気中で空気を構成する分子や原子の原子核に衝突するときミューオンが発生する。その高度はおよそ 20 [km] である。ミューオンの半減期は 1.5 [μs] であるから，その間に仮に光速度で走ったとしても

$$3 \times 10^8 \times 1.5 \times 10^{-6} = 450 \quad [\text{m}]$$

しか進めない．つまり，地上に到達することはできないことになる．しかし実際には，多数のミューオンが地上に到達することが観測によりわかっている．これはミューオンが高速で走っているため，時間が遅れその寿命が大きく延びるためである．現在では人工的にミューオンを作り出し，加速器の中で高速で走らせ，その寿命を測定することができる．その結果は，特殊相対性理論で予測される時間の遅れと完全に一致することがわかっている．

また，上空で作られたミューオンが地上に達するという事実を，別の見方で解釈することもできる．つまり，ミューオンが光速度に近い速度で走るため，ミューオンと一緒に走る座標系から見ると，地上とミューオンが生成される上空との距離が，相対論的長さの収縮により数百 [m] 以下に縮んで見えるため，半減期の 1.5 [μs] の時間で十分地上に達することができると考えられる．

双子のパラドックス

双子の兄弟，A 君と B 君がいる．B 君はロケットに乗り，一定の速さ v で宇宙旅行に行き，同じ速さで戻ってくる．この間に地球にいる A 君のとる年を t，B 君のとる年を τ とすると，その間には

$$\tau = t\sqrt{1-\frac{v^2}{c^2}}$$

の関係があることをこの節で示した．つまり，$\tau < t$ より B 君は A 君に比べて少ししか年をとらない．

いま B 君の乗ったロケットの速さが光速度 c の 4/5 であったとすると ($\sqrt{1-v^2/c^2} = 3/5$)，地上 (A 君) の時計で 50 年たったとき，B 君の乗ったロケットは，50×4/5 = 40 光年の地点に達している．そして，また 50 年かけて地球に戻ってくる．このとき地球では 100 年たっているわけであるが，ロケットに乗った B 君は

$$\tau = 100\sqrt{1-\frac{v^2}{c^2}} = 60$$

より，60 年しか年をとっていない．しかし，このことを逆から見ると，ロケットに乗った B 君に対して A 君は逆方向に $-v$ の速さで動いたこ

図 6.6　双子のパラドックス

とになる。すると、やはり同じ式から、今度は A 君のほうが B 君より少ししか年をとらないことになる。これはおかしいではないか？ これが双子のパラドックスと呼ばれるものである。

このパラドックスの本質は、A 君がずっと同じ慣性系にいるのに対し、B 君は行きと帰りで違う慣性系の間を乗り換えているところにある。つまり、同一の慣性系にいる A 君を基準にして特殊相対論を用いることはできるが、慣性系を乗り換えている B 君を基準にしては特殊相対論は適用できないのである。したがって、B 君のほうが少ししか年をとらないというほうが本当である。

A 君は地上にある時計で時間を測り、B 君はロケットの時計で時間を測っている。この二つが等しくなる必然性は何もなく、本当はパラドックスではないのである。では、B 君のほうが年をとらないので得をしたのであろうか？ B 君は肉体的にも経験的にも 60 年しか過ごしていないのであり、その間に地球にいた A 君は 100 年をしっかり生きたのであって、B 君が得をしたわけではない。

6.3 ローレンツ変換

前節で，互いに運動する慣性系はそれぞれの長さと時間をもつことを示した。この関係を具体的な座標系を用いて明らかにしてみよう。

一つの慣性系 S に対し，ほかの慣性系 S′ が x 方向に速度 v で動いているとする。S 系の空間座標および時間を x, y, z, t とし，S′ 系については x', y', z', t' とする。これらの変数の間の関係を求めてみる。いま，慣性系の運動に垂直な y, z 方向に対しては $y' = y$, $z' = z$ と考えてよいので，$t = t' = 0$ で慣性系 S, S′ が一致していたとすると，各変数間の関係は速度 v の関数である $\alpha, \beta, \gamma, \delta$ を用いて

$$x' = \alpha x + \beta t \tag{6.15}$$
$$y' = y \tag{6.16}$$
$$z' = z \tag{6.17}$$
$$t' = \gamma t + \delta x \tag{6.18}$$

と一般的に表される。それでは，$\alpha, \beta, \gamma, \delta$ を求めてみよう。

まず，S′ 系の原点 $x' = 0$ は S 系に対し速度 v で動くので

$$x = vt$$

である。これを式 (6.15) に代入すると

$$0 = \alpha v t + \beta t$$

となり

$$\beta = -\alpha v \tag{6.19}$$

である。したがって，式 (6.15) は

$$x' = \alpha(x - vt) \tag{6.20}$$

と書ける。一方，S 系の原点 $x = 0$ は S′ 系に対し速度 $-v$ で動くので

$$x' = -vt'$$

であり，式 (6.15) および (6.18) から

$$-vt' = \beta t$$
$$t' = \gamma t$$

となる。ここで，式 (6.19) を考慮すると

$$\gamma = \alpha \tag{6.21}$$

が導かれる。

次に、時刻 $t=t'=0$ に原点を出た光は、S 系で時間 t の間に $x=ct$ だけ進むが、光速度不変の原理により、S′ 系でも $x'=ct'$ が成立する。これを式 (6.20) に代入すると

$$ct' = \alpha(c-v)t \tag{6.22}$$

となり、同様に式 (6.18) に代入すると

$$t' = (\gamma + \delta c)t \tag{6.23}$$

となる。つまり、式 (6.21), (6.22), (6.23) から

$$c^2 \delta = -\alpha v \tag{6.24}$$

となり、これを用いて式 (6.18) を書き直せば

$$t' = \alpha\left(t - \frac{v}{c^2}x\right) \tag{6.25}$$

となる。次に式 (6.20) と (6.25) を x と t について解くと

$$\begin{aligned} x &= \frac{1}{\alpha\left(1-\dfrac{v^2}{c^2}\right)}(x' + vt') \\ t &= \frac{1}{\alpha\left(1-\dfrac{v^2}{c^2}\right)}\left(t' + \frac{v}{c^2}x'\right) \end{aligned} \tag{6.26}$$

となる。これは S′ 系から S 系への変換式であるので、式 (6.20) と (6.25) において v を $-v$ で置き換えたものと一致する必要がある。つまり

$$\alpha = \frac{1}{\alpha\left(1-\dfrac{v^2}{c^2}\right)}$$

が成り立つ。つまり

$$\alpha = \pm\frac{1}{\sqrt{1-\dfrac{v^2}{c^2}}}$$

であるが、$v \to 0$ のとき $\alpha = 1$ になるはずであるから

$$\alpha = \frac{1}{\sqrt{1-\frac{v^2}{c^2}}} \tag{6.27}$$

であり，最終的に式(6.15)〜(6.18)は

$$x' = \frac{x-vt}{\sqrt{1-\frac{v^2}{c^2}}} \tag{6.28}$$

$$y' = y \tag{6.29}$$

$$z' = z \tag{6.30}$$

$$t' = \frac{t-\frac{v}{c^2}x}{\sqrt{1-\frac{v^2}{c^2}}} \tag{6.31}$$

と表される。この関係式をローレンツ変換（相対速度 v が x 方向の場合）という。ローレンツは長さの短縮などの現象を説明するためにこの式を考え出したが，その意味を明確にしたのはアインシュタインであった。

例題 6.1

式(6.28)〜(6.31)に示したローレンツ変換は，S 系に対し一定の速度 v で運動している座標系 S′ への変換であった。この逆の変換つまり，S′ 系から S 系への変換式を導け。

例解

式(6.28)を変形して

$$x' = \frac{x-vt}{\sqrt{1-\frac{v^2}{c^2}}} = \frac{x-vt}{l}$$

とおく。ここに $l = \sqrt{1-v^2/c^2}$ である。上式を x に対して解いて

$$x = lx' + vt \tag{1}$$

同様に式(6.31)を書き換え，t に対して解くと

$$t' = \frac{t - \frac{v}{c^2}x}{\sqrt{1 - \frac{v^2}{c^2}}} = \frac{t - \frac{v}{c^2}x}{l}$$

$$t = lt' + \frac{v}{c^2}x \tag{2}$$

(2) を (1) に代入し，整理すると

$$x = \frac{x' + vt'}{l} = \frac{x' + vt'}{\sqrt{1 - \frac{v^2}{c^2}}} \tag{3}$$

となる。同様に (1) を (2) に代入し整理すると

$$t = \frac{t' + \frac{v}{c^2}x'}{l} = \frac{t' + \frac{v}{c^2}x'}{\sqrt{1 - \frac{v^2}{c^2}}} \tag{4}$$

と求まる。また y, z 方向については変化せず

$$y = y'$$
$$z = z'$$

である。この式 (3)，(4) は，S′ 系から S 系への変換式であり，S′ 系から見た S 系の移動速度が $-v$ であるため，式 (6.28)，(6.31) の v を $-v$ に置き換えた形になっている。

問 6.1 式 (6.28) 〜 (6.31) で与えられるローレンツ変換に対し，$|v_x|/c \ll 1$ という条件のもとに近似を行い，ガリレイ変換を導け。

6.4 速度の合成則

図 6.7 に示すように，慣性系 S に対して慣性系 S′ が x 方向に一定の速度 V で運動し，さらに，S′ に対して物体が

$$v'_x = \frac{dx'}{dt'},\ v'_y = \frac{dy'}{dt'},\ v'_z = \frac{dz'}{dt'}$$

で運動する場合を考える。ここで，S′ 系での座標 x', y', z' を S 系から見て x, y, z とすると，ローレンツ変換により

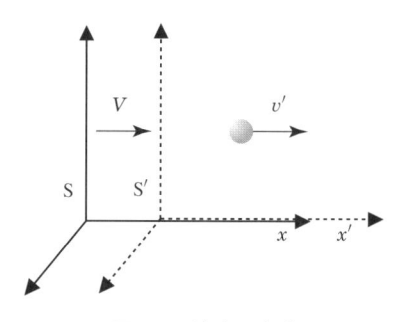

図 6.7 速度の合成

$$x = \frac{x' + Vt'}{\sqrt{1-\beta^2}} \quad (\beta = \frac{V}{c})$$
$$y = y'$$
$$z = z'$$
$$t = \frac{t' + \frac{V}{c^2}x'}{\sqrt{1-\beta^2}}$$
(6.32)

となり，S 系から見た物体の速度は

$$v_x = \frac{dx}{dt} = \frac{d}{dt'}\left(\frac{x' + Vt'}{\sqrt{1-\beta^2}}\right)\frac{dt'}{dt} = \frac{v'_x + V}{\sqrt{1-\beta^2}}\frac{dt'}{dt}$$
$$v_y = \frac{dy}{dt} = \frac{dy'}{dt'}\frac{dt'}{dt} = v'_y\frac{dt'}{dt}$$
$$v_z = \frac{dz}{dt} = \frac{dz'}{dt'}\frac{dt'}{dt} = v'_z\frac{dt'}{dt}$$
(6.33)

と表される。また

$$\frac{dt}{dt'} = \frac{d}{dt'}\frac{t' + \frac{V}{c^2}x'}{\sqrt{1-\beta^2}} = \frac{1}{\sqrt{1-\beta^2}}\left(1 + \frac{Vv'_x}{c^2}\right)$$

となる。したがって

$$\frac{dt'}{dt} = \frac{\sqrt{1-\beta^2}}{\left(1 + \frac{Vv'_x}{c^2}\right)}$$

である。これを式 (6.33) に代入すると

$$v_x = \frac{V + v'_x}{1 + \dfrac{Vv'_x}{c^2}}$$

$$v_y = \frac{v'_y \sqrt{1-\beta^2}}{1 + \dfrac{Vv'_x}{c^2}} \qquad (6.34)$$

$$v_z = \frac{v'_z \sqrt{1-\beta^2}}{1 + \dfrac{Vv'_x}{c^2}}$$

となる。この式が特殊相対性理論における速度の合成則を与える。

特に $v'_y = v'_z = 0$, $v_x = v$, $v'_x = v'$ とおけば，式 (6.34) は

$$v = \frac{V + v'}{1 + \dfrac{Vv'}{c^2}} \qquad (6.35)$$

および，$v_y = v_z = 0$ となる。式 (6.35) は x 方向の運動に対する速度の合成則であり，V は S 系に対する S′ 系の速度，v' は S′ 系に対する物体の速度で，v は S 系に対する物体の速度である。

例題 6.2

式 (6.34) で与えられる特殊相対性理論における速度の合成則に対し，$|\beta| = |V|/c \ll 1$, $|v'_x|/c \ll 1$ という条件のもとに近似を行って，ニュートン力学の速度の合成則を導け。

例解

式 (6.34) に対し，$|V|/c$, $|v'_x|/c$ の 2 乗の項を無視する近似を行えば

$$v_x = V + v'_x$$
$$v_y = v'_y$$
$$v_z = v'_z$$

となり，よく知られたニュートン力学における速度の合成則が導かれた。

例題 6.3

秒速 100 [km] で動いているロケットの中で，進行方向に秒速 100 [km] で弾丸を打ち出した。地上から見た弾丸の速度を求めよ。また，ロケットと弾丸がともに $c/2$ の速度である場合，地上から見た弾丸の速度を求めよ。

例解

地上を S 系，ロケットを S′ 系とし，ロケットから見た弾丸の速度を v' と考えると，式 (6.35) より

$$v = \frac{V + v'}{1 + \dfrac{Vv'}{c^2}}$$

であるので，$V = v' = 100$ [km/s]，$c = 3 \times 10^5$ [km/s] を代入して

$$v = \frac{200}{1 + \left(100/3 \times 10^5\right)^2} = 199.9999778 \quad [\text{km/s}]$$

となり，ロケット，弾丸とも 100 [km/s] という現実離れした速度を仮定しても，ニュートン力学の速度の合成則からの差は小さい。

一方，$V = v' = c/2$ のときは

$$v = \frac{c}{1 + \left(\dfrac{1}{2}\right)^2} = \frac{4c}{5}$$

であり，単純な加算結果 $V = c$ との差がはっきり出てくる。

問 6.2 式 (6.35) で与えられる速度の合成則を v' について解き直し，その意味を考えよ。

問 6.3 2 個の粒子が，S′ 系で見たとき $v' = \pm 0.9c$ の速度で互いに逆方向に走っている。一方の粒子から見た他方の粒子の速度はいくらか。

ヒント：速度 $-0.9c$ の粒子とともに動く座標系 S を考えよ。

6.5 運動量と質量

ニュートン力学と同様に，特殊相対性理論でも運動量は質量と速度の積であるとして，質量を定義する。ここでは，運動量保存の法則とローレンツ変換による速度の合成則を用いて，質量が速さによって変化することを導く。

まず運動量 P は質量 m と速度 v の積であるとするが，質量は速さ $v=|v|$ によって変化する可能性を考え，速さの関数 $m(v)$ とする。つまり

$$P = m(v)v \tag{6.36}$$

とおく。

静止した観測者 S に対して，二つの物体が一直線（x 軸）上を運動し，衝突してくっついてしまう完全非弾性衝突を考えよう。いま物体 1 と物体 2 の質量は等しいとし，物体 1 が静止している物体 2 に速度 v で衝突したとする（図 6.8 参照）。そのとき物体 1, 2 の質量は $m(v)$, $m(0)$ であり，衝突前の運動量は $m(v)v$ である。衝突して二つの物体はくっついて，速度 $\bar{v}$，質量 $M(\bar{v})$ の物体になったとすると，その運動量は $M(\bar{v})\bar{v}$ となる。したがって，運動量保存の法則は

$$m(v)v = M(\bar{v})\bar{v} \tag{6.37}$$

と書ける。

ここで，この現象を速度 v で x 方向に動く座標系に乗った観測者 S′ から見ると，左側の物体 1 は静止しており，右側の物体 2 が速度 $-v$ で衝突し合体することになる（図 6.9 参照）。これは上で考えた衝突の左右を取り替えた場合なので，合体後の速度は $-\bar{v}$ になるはずである。

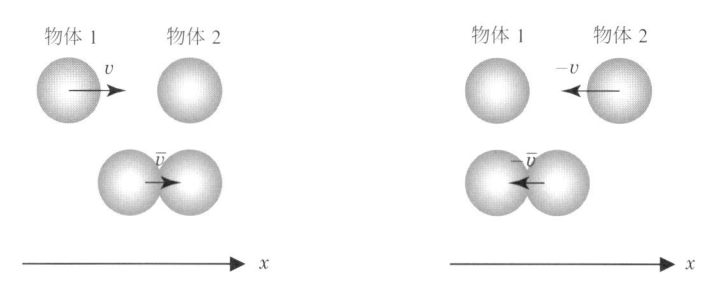

図 6.8　S 系から見た衝突現象

図 6.9　S′ 系から見た衝突現象

さて，ニュートン力学では，物体が合体した場合質量は 2 倍になり，結果として合体後の速度は $\bar{v}=v/2$ になるが，相対論ではどうであろうか。これを求めるためローレンツ変換の速度合成則を用いる。つまり，前節の式 (6.35) より

$$v=\frac{V+v'}{1+\dfrac{Vv'}{c^2}} \tag{6.38}$$

ただし，$V \to v$, $v' \to -\bar{v}$, $v \to \bar{v}$ と読み替えなければならない。つまり

$$\bar{v}=\frac{v-\bar{v}}{1-\dfrac{v\bar{v}}{c^2}} \tag{6.39}$$

となる。これを v について解くと

$$v=\frac{2\bar{v}}{1+\dfrac{\bar{v}^2}{c^2}} \tag{6.40}$$

となる。この式で $(\bar{v}/c)^2 \to 0$ と考えれば，ニュートン力学の結論である $\bar{v}=v/2$ が与えられる。

さて次に，v や $\bar{v}$ に垂直な方向（$-y$ 方向）に速さ V で動く座標系 S'' を考える。この系に対し，S 系の物体には y 方向に速度 V が加わり，図 6.10 に示すようになる。S 系から S'' 系に移る変換式は前節の式 (6.34) において，x と y を入れ替えて

$$v''_x=\frac{v_x\sqrt{1-\dfrac{V^2}{c^2}}}{1+\dfrac{Vv_y}{c^2}}$$

$$v''_y=\frac{V+v_y}{1+\dfrac{Vv_y}{c^2}}$$

と表されるが，今の場合は $v_y=0$ であるので，衝突前は

$$v''_x=v_x\sqrt{1-\frac{V^2}{c^2}}, \quad v''_y=V \tag{6.41}$$

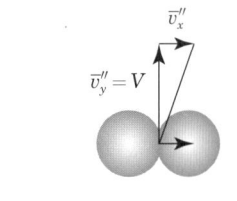

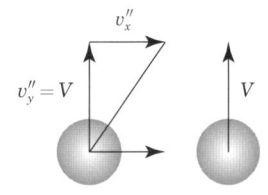

図 6.10 S″ 系から見た衝突現象

となり，衝突後の速度の x, y 成分は

$$\bar{v}''_x = \bar{v}\sqrt{1-\frac{V^2}{c^2}}, \quad \bar{v}''_y = V \tag{6.42}$$

となる。

S'' 系から見ると，衝突前に左からくる物体 1 の速さは

$$v'' = \sqrt{(v''_x)^2 + (v''_y)^2} \tag{6.43}$$

であり，物体 2 の速さは V である。また，衝突後の速さは S'' 系から見て

$$\bar{v}'' = \sqrt{(\bar{v}''_x)^2 + (\bar{v}''_y)^2} \tag{6.44}$$

であり，その速度の y 成分は V である。したがって，S'' 系において，y 方向の運動量の保存は，速さがいずれも V であるので

$$m(v'')V + m(V)V = M(\bar{v}'')V \tag{6.45}$$

となり，V で割ると

$$m(v'') + m(V) = M(\bar{v}'') \tag{6.46}$$

となる。この式は V の値によらず成立するので，特に $V \to 0$ の場合を考えれば，$v'' = v, \bar{v}'' = \bar{v}$ であるので

$$m(v) + m(0) = M(\bar{v}) \tag{6.47}$$

である。これは質量の保存則を与える。

さて，この式 (6.47) を式 (6.37) に代入すると

$$m(v)v = \{m(v) + m(0)\}\bar{v} \tag{6.48}$$

すなわち

$$m(v) = m(0)\frac{\bar{v}}{v-\bar{v}} = \frac{m(0)}{\frac{v}{\bar{v}}-1} \tag{6.49}$$

となる。

一方，式 (6.40) を書き直し

$$\frac{v}{c^2}\bar{v}^2 - 2\bar{v} + v = 0 \tag{6.50}$$

とし，$\bar{v}$ について解くと

$$\bar{v} = \frac{c^2}{v}\left(1 - \sqrt{1 - \frac{v^2}{c^2}}\right) \tag{6.51}$$

となる。これを式 (6.49) に代入すれば

$$m(v) = \frac{m(0)}{\sqrt{1 - \frac{v^2}{c^2}}} \tag{6.52}$$

が得られる。これが質量の速度依存性を表す式である。ここに，$m(0)$ は速度が 0 のときの質量であり，静止質量と呼ばれている。式 (6.52) からわかるように，速度が大きくなると質量は増加し，$v \to c$ の極限では，質量は無限大となり，それ以上の加速は不可能となる。このことから，物体の移動速度は光速度を超えることはないといえる。

例題 6.4

静止しているときの質量が $m(0)$ のロケットが，光速度の 50％，90％，99％，99.9％，99.99％の速度で飛んでいるとき，飛行中のロケットの質量 $m(v)$ をそれぞれ求めよ。

例解

$m(v) = \dfrac{m(0)}{\sqrt{1 - v^2/c^2}}$ に各速度を代入する。つまり

50％のとき：$v/c = 0.5$, $\sqrt{1 - 0.5^2} = 0.866$ より $m(v) = 1.15\, m(0)$

同様にして

90％：$m(v) = 2.3\, m(0)$

99％：$m(v) = 7.1\, m(0)$

99.9％：$m(v) = 22.4\, m(0)$

99.99％：$m(v) = 70.7\, m(0)$

となり，速度が光速度 c に近づくと，質量は急速に増え，それ以上の加速が困難になることがわかる。

問 6.4 静止質量 m_0 の物体が速度 v で動いている。物体の運動量を求めよ。また，移動速度が光速度に対し十分遅い場合，ニュートン力学における運動量に一致することを示せ。

6.6 質量とエネルギー

静止していた質量 $m(0)$ の物体 2 に，左側から速度 v，質量 $m(v)$ の物体 1（静止質量は同じ）が衝突する場合を考える。衝突して合体した後の速度を $\bar{v}$，質量を $M(\bar{v})$ とすると，前節の式 (6.47) で導いた質量の保存則

$$m(v)+m(0)=M(\bar{v}) \tag{6.53}$$

が成り立つ。この非弾性衝突を速度 $\bar{v}$ で右に進む慣性座標系 S''' から見ると，図 6.11 のように，右側の物体 2 は $-\bar{v}$ で左へ進み，左からくる物体 1 と衝突し，合体後は速度が 0 になる。つまり，対称性から考えれば，左側の物体 1 は速度 $\bar{v}$ で右に進んで，右からくる物体 2（速度 $-\bar{v}$）と衝突する。合体後の静止質量を M_0 ($=M(0)$) と書けば，質量の保存則は S''' 系に対し

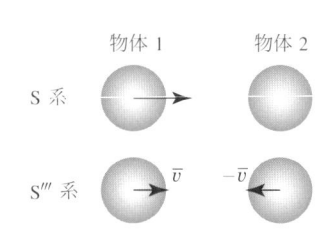

図 6.11　S''' 系から見た衝突現象

$$m(\bar{v})+m(-\bar{v})=M_0 \tag{6.54}$$

となる。物体 1, 2 の静止質量を m_0 ($=m(0)$) と書けば，前節の式 (6.52) より

$$m(\bar{v})=\frac{m_0}{\sqrt{1-\dfrac{\bar{v}^2}{c^2}}} \tag{6.54}$$

なので，式 (6.53) から

$$M_0=\frac{2m_0}{\sqrt{1-\dfrac{\bar{v}^2}{c^2}}} \tag{6.55}$$

を得る。

ここで $\bar{v}^2 \ll c^2$ と考え，展開式

$$\frac{1}{\sqrt{1-\dfrac{\bar{v}^2}{c^2}}}=1+\frac{\dfrac{1}{2}\bar{v}^2}{c^2}-\cdots \tag{6.56}$$

を用いると，高次の項を省略した場合

と表される。ここで

$$M_0 = 2m_0 + 2\frac{\frac{1}{2}m_0\bar{v}^2}{c^2} \tag{6.57}$$

$$E = 2 \times \frac{1}{2}m_0\bar{v}^2 \tag{6.58}$$

とおけば，E は衝突前に物体 1，2 がもっていた運動エネルギーである。このエネルギーは衝突後に合体した物体の熱エネルギーに変わる。そして，このエネルギーは質量の増加 ΔM を生む。つまり，式 (6.57)，(6.58) より

$$\Delta M = M_0 - 2m_0 = \frac{E}{c^2} \tag{6.59}$$

と表される。このことは，エネルギーは質量をもつこと，あるいは質量とエネルギーは互いに移り変わることを示している。

アインシュタインはさらに巧妙な思考実験を行い，質量 m とエネルギー E の間に成り立つ一般的な関係式

$$E = mc^2 \tag{6.60}$$

を導いた。すなわち，エネルギー E は質量 $m = E/c^2$ をもつことを明らかにした。つまり，物体がエネルギーを吸収すれば質量が増し，エネルギーを放出すれば質量が減ることを意味している。この式 (6.60) はアインシュタインの相対性理論の中で最も有名な式として知られており，エネルギーは質量をもち，質量はエネルギーであるというまったく新しい概念を人類にもたらしたのである。

例題 6.5

水素爆弾で使われる熱核反応の一つに以下のものがある。

$$_1\mathrm{H}^2 + {}_1\mathrm{H}^3 \rightarrow {}_2\mathrm{He}^4 + {}_0n^1$$

この反応の質量を**原子質量単位**[4] [amu] で表すと，$_1\mathrm{H}^2$：2.01410, $_1\mathrm{H}^3$：3.0165, $_2\mathrm{He}^4$：4.00260, $_0n^1$：1.00867 である。反応前後の質量の減少量 (質量欠損) を求めよ。また，その質量欠損は何に変わるか。

---

4. 原子質量単位 (atomic mass unit)：原子，素粒子などの質量を表す単位の一つで，質量数 12 の炭素 $^{12}\mathrm{C}$ の原子 1 個の質量の 1/12 に相当する。すなわち $1.6605402 \times 10^{-24}$ [g] に等しい。

例解

反応前後の各粒子の質量の和は，$2.01410+3.0165=5.03015$，$4.00260+1.00867=5.01127$ であり，質量欠損は $5.03015-5.01127=0.01888$ [amu] である。この質量欠損 ΔM は，ΔMc^2 のエネルギーに変わるはずである。しかし，反応後に生成されるヘリウムと中性子は高速で飛び散るため，運動物体の質量は増加する。このため，静止質量で計算した質量欠損は実際には発生せず，質量の保存は保たれる。しかし，いずれこの二つの粒子の運動エネルギーは周囲の物体に与えられ，粒子は静止質量に戻るため，結果的に質量欠損分のエネルギーが周囲の物体に与えられることになる。

電子対消滅

例題6.5では，物質の一部の質量がエネルギーに変わる例を見てきた。それでは質量が完全になくなるような反応は存在するのであろうか。たしかにそれは存在する。その例が電子対消滅である。つまり，電子が陽電子（電子の反粒子で，正の電荷をもち電子と同じ質量をもつ）と衝突し，衝突後は二つの γ 線光子に変わる。反応式は

$$_{-1}e +\,_{+1}e \rightarrow 2\gamma$$

である。この現象のことを電子対消滅と呼んでいる。この場合，質量をもつ物質粒子（電子，陽電子）が，静止質量をもたない γ 線光子に変わる。γ 線光子が2個必要なのは，運動量の保存法則を満たすためである。
また逆に，光子が一対の電子と陽電子を生み出すこともできる。つまり

$$\gamma \rightarrow\,_{-1}e +\,_{+1}e$$

という反応である。この現象は電子対生成と呼ばれている。しかし，どんな光子でも電子対を生成するわけではない。このような変化のときも，質量およびエネルギーの保存法則は守られていなければならない。つまり，光子のエネルギーが，一対の電子－陽電子の静止エネルギーより大きいことが条件となる。これを式で表せば

$$h\nu \geq 2m_0 c^2$$

である。ここに，h はプランク定数，ν は γ 線の周波数，m_0 は電子の静止質量である。

6.7 特殊相対性理論から一般相対性理論へ

今までの特殊相対性理論の議論の中で，重力や加速度が扱われていないことに気づいた読者もいると思う。このことに不満を感じていたアインシュタインは，慣性系だけでなく加速度をもつ座標系に対しても成り立つ一般相対性理論の完成に向け研究を開始した。この節では，一般相対性理論の原理の一つである等価原理について述べ，一般相対論効果を垣間見る。

質量には**慣性質量**[5]と**重力質量**[6]があり，今まで扱ってきた質量は慣性質量である。重力質量はニュートンの万有引力の法則に現れる質量のことであり，二つの物体間に働く引力はそれぞれの重力質量の積に比例し，距離の2乗に反比例する。アインシュタインは慣性質量と重力質量は同一のものであると考え，等価原理としてまとめた。つまり，「慣性質量と重力質量は本来同一のものであり，加速度によって生じる見かけの力（慣性力）と重力とは原理的に区別できない」と考えた。

慣性力と重力を同等なものとみなせば，重力を消したり作り出したりすることができる。たとえば，よく引用されるエレベータの思考実験を考えてみる。エレベータを吊っているワイヤーが急に切れたとしよう。エレベータには窓がなく，中の人間は密閉され外を見ることができないとすると，ワイヤーが切れた瞬間からエレベータは自由落下する。この間，中にいる人間は重力がなくなったと感じるはずである。なぜなら，彼が手にもっている鞄から手を離しても，鞄はエレベータの床に落ちず，彼の横に止まっているからである。この状態をエレベータの外部の人間が見れば，中の人間と鞄は一緒に自由落下しているわけである。最近では映像でよく見かけるようになったが，スペースシャトルが地球周回軌道でエンジンを切った状態のとき，内部では重力を感じていない。このような状態を無重力状態という。

また逆に，エレベータを急に引き上げるときは，その加速度によって，エレベータ内部の人間は重力が増大したように感じる。また，列車が加速度をもって走るとき，あるいはスペースシャトルがエンジンを噴射したとき，

---

5. 慣性質量（inertial mass）：作用反作用の原理を基礎とし，二つの物体が相互に及ぼし合う力だけを受けて運動するときにもつ加速度の逆比で決められる質量。
6. 重力質量（gravitational mass）：物体とキログラム原器とに働く重力の比によって決められる質量。

乗っている人間は後ろのほうに引かれるように感じる。列車やスペースシャトルが密閉されていて外を見られないとすれば，乗っている人間は後ろのほうに突然大きな質量の物体が現れ，万有引力を及ぼしているのと区別がつかないことになる。

このように，加速度運動している座標系（エレベータ，列車，スペースシャトル）から見れば，重力を消すことも作り出すこともできる。これは直線運動に限らず，スペースステーションを回転させ，人工重力（遠心力）を作り出すことも現実問題として考えられている。

さて次に，重力のない宇宙空間をロケットが一様な加速度運動をしている場合を考える（図 6.12 参照）。はじめ（左図）ロケットは静止状態であるとし，この状態でロケットの一方の壁から他方の壁に向けボールを投げたとする。そのままであれば，ボールはまっすぐ飛び，反対側の壁の同じ高さのところにぶつかるであろう。

しかし，ボールが投げられた瞬間にロケットはエンジンをふかし，一定の加速度 a で運動を始める。このとき，ボールがロケットを横切る時間を t とすれば，その間にロケットは $at^2/2$ だけ上昇し，ボールは加速度運動しているロケットに対し放物運動をする。これは，ロケットが静止していて重力が下向きにかかっていて，ボールに $-a$ の加速度運動をさせた場合と同じである。

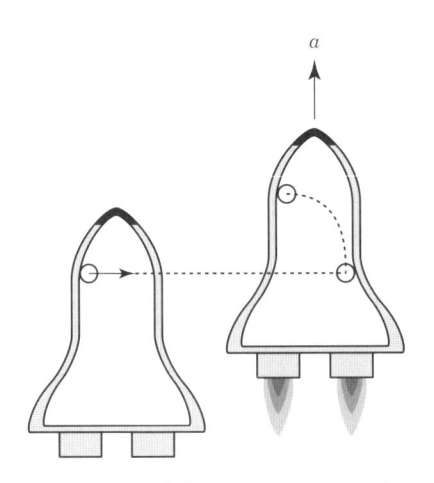

図 6.12 加速度運動するロケット系

このボールを光のパルスに置き換えても同様である．つまり，光は重力によって曲がるのである．アインシュタインはこのような思考実験から，星の光が太陽の縁をかすめるとき，太陽の引力によって曲がることを予言した．この予言は，一般相対性理論の完成後，数値は修正されたが，後に詳細な観測によって実証されたのである．

付録 A ── キルヒホッフの法則

 ある物体の単位表面積に単位時間に入射するエネルギーのうち，波長が λ と $\lambda+\varDelta\lambda$ の間にある入射エネルギーを $\varDelta Q_\lambda$ とすると

$$\varDelta Q_\lambda = (a_\lambda + r_\lambda + d_\lambda)\varDelta Q_\lambda$$

が成り立つ。ただし，a_λ は吸収率，r_λ は反射率，d_λ は透過率である。

 一方，その物体の温度が $T\,[\mathrm{K}]$ のとき，物体自身が単位表面積から単位時間に放射するエネルギーのうち，波長が λ と $\lambda+\varDelta\lambda$ 間の放射エネルギーを e_λ とする。

 この物体が熱平衡状態にあるとすると，物体の全エネルギーは増減しない。つまり

$$\text{物体への入射エネルギー} = \varDelta Q_\lambda$$

と

$$\text{物体からの放射エネルギー} = r_\lambda \varDelta Q_\lambda + d_\lambda \varDelta Q_\lambda + e_\lambda$$

が等しくなる。よって

$$e_\lambda / a_\lambda = \varDelta Q_\lambda$$

となる。すなわち，右辺の $\varDelta Q_\lambda$ は入射エネルギーで，物質の種類にはまったく関係しない値であるから，左辺の比も物質には関係しない一定の割合となる。

 したがって，「ある波長をよく吸収する物体は，その波長をよく放射する物体でもある」ということになる。

付録 B ― 量子仮説

プランクの熱放射式

$$E(\nu, T) = \frac{8\pi\nu^2}{c^3} \frac{h\nu}{e^{\frac{h\nu}{kT}} - 1}$$

が，どのようにしてエネルギー量子に結びつくのかを逆算してみる。

(1) 上式の $\frac{8\pi\nu^2}{c^3}$ は周波数 ν と $\nu+d\nu$ 間にある光の定常波の個数に直結した物理量である。これはエネルギー量子とは何ら関係がない。

(2) 次に，$\frac{h\nu}{e^{\frac{h\nu}{kT}} - 1}$ はエネルギー量子と関係していて，周波数 ν の光の定常波の平均エネルギーを示している。

この式を逆算していこう。

1) 分子，分母を $e^{\frac{h\nu}{kT}}$ で割る。

$$h\nu \frac{e^{-\frac{h\nu}{kT}}}{1 - e^{-\frac{h\nu}{kT}}}$$

2) これは無限等比級数

$$\frac{a}{1-r} = a + ar + ar^2 + \cdots$$

の形式であるから

$$h\nu\left(e^{-\frac{h\nu}{kT}} + e^{-\frac{h\nu}{kT}}e^{-\frac{h\nu}{kT}} + e^{-\frac{h\nu}{kT}}e^{-2\frac{h\nu}{kT}} + e^{-\frac{h\nu}{kT}}e^{-3\frac{h\nu}{kT}} + \cdots\right)$$

$$= h\nu \sum_{n=1}^{\infty} e^{-n\frac{h\nu}{kT}}$$

3) また

$$(x + x^2 + x^3 + \cdots) \times (1 + x + x^2 + x^3 + \cdots) = x + 2x^2 + 3x^3 + 4x^4 + \cdots$$

であるから，これを変形すると

$$x + x^2 + x^3 + \cdots = \frac{x + 2x^2 + 3x^3 + 4x^4 + \cdots}{1 + x + x^2 + x^3 + \cdots}$$

となる。この関係を 2) の結果に代入すると

$$hv\sum_{n=1}^{\infty} e^{-n\frac{hv}{kT}} = \frac{\sum_{n=0}^{\infty} nhv e^{-n\frac{hv}{kT}}}{\sum_{n=0}^{\infty} e^{-n\frac{hv}{kT}}}$$

4) 熱平衡状態系の小さな系がエネルギー ε をもつ相対確率はボルツマン因子 $e^{-\frac{\varepsilon}{kT}}$ (下記参照)で表されることから，上の式は，周波数 v の光がとり得るエネルギー値が

　　$0, hv, 2hv, 3hv, \cdots$

というとびとびの値で，それをボルツマン因子 $e^{-\frac{nhv}{kT}}$ で平均したものであるといえる。

したがって，周波数 v の光がとり得るエネルギーの値は

　　$0, hv, 2hv, 3hv, \cdots$

という最小単位 hv の整数倍であると結論づけられる。このエネルギーの離散性をプランクは発見した。

ボルツマン因子 $e^{-\frac{\varepsilon}{kT}}$ とは

絶対温度 T [K] の体系 (たとえば固体全体) が熱平衡状態にあっても，その体系の中の小さな系 (たとえば原子や分子) は互いにエネルギーをやりとりしている。その小さな系がエネルギー ε [J] をもつ相対確率は $e^{-\frac{\varepsilon}{kT}}$ である。

付録 C ─ 資料集

1. ギリシャ文字とその読み方

名称		ギリシャ文字	
		大文字	小文字
alpha	アルファ	A	α
béta	ベータ，ビータ	B	β
gamma	ガンマ	Γ	γ
delta	デルタ	Δ	δ
epsilon	エプシロン，イプシロン	E	ε, ϵ
zéta	ゼータ，ジータ	Z	ζ
éta	エータ，イータ	H	η
théta	テータ，シータ	Θ	θ, ϑ
iota	イオタ	I	ι
kappa	カッパ	K	κ
lambda	ラムダ	Λ	λ
mu	ミュー	M	μ
nu	ニュー	N	ν
ksi, xi	クシー，グザイ	Ξ	ξ
omicron	オミクロン	O	o
pi	ピー，パイ	Π	π, ϖ
rhò	ロー	P	ρ
sigma	シグマ	Σ	σ
tau	タウ	T	τ
upsilon	ユプシロン，ウプシロン	Υ, Y	υ
phi	フィー，ファイ	Φ	φ, ϕ
khi, chi	カイ	X	χ
psi	プシー，プサイ	Ψ	ψ, ψ
oméga	オメガ	Ω	ω

2. 物理定数表

定数	記号と値
標準の重力加速度（定義）	$g = 9.80665 \text{ m/s}^2$
万有引力定数	$G = 6.67 \times 10^{-11} \text{ N·m}^2/\text{kg}^2$
標準大気圧（定義）	$p_0 = 1.01325 \times 10^5 \text{ N/m}^2$
熱の仕事当量（計量法の規定）	$J = 4.18605 \text{ J/cal}$
理想気体の体積（0°C，1気圧）	$V_0 = 2.241 \times 10^{-2} \text{ m}^3/\text{mol}$
気体定数	$R = 8.314 \text{ J/mol·K}$
アボガドロ数	$N_A = 6.022 \times 10^{23} \text{ mol}^{-1}$
ボルツマン定数	$k = 1.380 \times 10^{-23} \text{ J/K}$
真空中の光速度（定義）	$c = 2.99792458 \times 10^8 \text{ m/s}$
電気素量	$e = 1.6021 \times 10^{-19} \text{ C}$
電子の静止質量	$m_e = 9.109 \times 10^{-31} \text{ kg}$
陽子の静止質量	$m_p = 1.6726 \times 10^{-27} \text{ kg}$
中性子の静止質量	$m_n = 1.6749 \times 10^{-27} \text{ kg}$
プランク定数	$h = 6.626 \times 10^{-34} \text{ J·s}$
ボーア半径	$a_0 = 5.29177 \times 10^{-11} \text{ m}$

3. 国際単位系（SI）

❖ 基本単位

量	単位の名称	単位記号
長さ	メートル	m
質量	キログラム	kg
時間	秒	s
電流	アンペア	A
熱力学温度	ケルビン	K
物質量	モル	mol
光度	カンデラ	cd

❖ SI単位と併用する単位

量	単位の名称	単位記号
時間	分	min
	時	h
	日	d
平面角	度	°
	分	′
	秒	″
体積	リットル	l, L
質量	トン	t

❖ 補助単位

量	単位の名称	単位記号
平面角	ラジアン	rad
立体角	ステラジアン	sr

❖ 接頭語

数量	読み方		記号	数量	読み方		記号
10^{18}	エクサ	exa	E	10^{-18}	アト	atto	a
10^{15}	ペタ	peta	P	10^{-15}	フェムト	femto	f
10^{12}	テラ	tera	T	10^{-12}	ピコ	pico	p
10^{9}	ギガ	giga	G	10^{-9}	ナノ	nano	n
10^{6}	メガ	mega	M	10^{-6}	マイクロ	micro	μ
10^{3}	キロ	kilo	k	10^{-3}	ミリ	milli	m
10^{2}	ヘクト	hecto	h	10^{-2}	センチ	centi	c
10^{1}	デカ	deca	da	10^{-1}	デシ	deci	d

❖ 誘導単位

量	単位	読み方	誘導単位	備考
電荷	[C]	クーロン	$A \cdot s$	
電位	[V]	ボルト	$kg \cdot m^2 / A \cdot s^3$	J/C
電界の強さ	[V/m]		$kg \cdot m / A \cdot s^3$	N/C
電気容量	[F]	ファラド	$A^2 \cdot s^4 / kg \cdot m^2$	C/V
電気抵抗	[Ω]	オーム	$kg \cdot m^2 / A^2 \cdot s^3$	V/A
電力	[W]	ワット	$kg \cdot m^2 / s^3$	$V \cdot A$
誘電率	[F/m]		$A^2 \cdot s^4 / kg \cdot m^3$	分極のしやすさ
電束	[C]		$A \cdot s$	
電束密度	[C/m²]		$A \cdot s / m^2$	
磁位	[A]			
磁界の強さ	[A/m]			
インダクタンス	[H]	ヘンリー	$kg \cdot m^2 / A \cdot s^2$	Wb/A
透磁率	[H/m]		$kg \cdot m / A \cdot s^2$	磁化のしやすさ
磁束	[Wb]	ウェーバー	$kg \cdot m^2 / A \cdot s^2$	$V \cdot s$
磁束密度	[T]	テスラ	$kg / A \cdot s^2$	Wb/m²

付録 D ── 数学公式集

1. 代数

円周率	$\pi = 3.14159265 \cdots$
自然対数の底	$e = 2.71828183 \cdots$
2次方程式 $ax^2+bx+c=0$ の解	$x = \dfrac{-b \pm \sqrt{b^2-4ac}}{2a}$
連立1次方程式 $\left.\begin{array}{l}a_1 x + b_1 y + c_1 z = d_1 \\ a_2 x + b_2 y + c_2 z = d_2 \\ a_3 x + b_3 y + c_3 z = d_3\end{array}\right\}$ の解	$x = \dfrac{[d_1\ b_2\ c_3]}{[a_1\ b_2\ c_3]}, \quad y = \dfrac{[a_1\ d_2\ c_3]}{[a_1\ b_2\ c_3]}, \quad z = \dfrac{[a_1\ b_2\ d_3]}{[a_1\ b_2\ c_3]}$ ただし、行列式 $\begin{vmatrix} a_1 & b_1 & c_1 \\ a_2 & b_2 & c_2 \\ a_3 & b_3 & c_3 \end{vmatrix}$ などを $[a_1\ b_2\ c_3]$ などと記載した。
2項定理	$(a+b)^n = a^n + na^{n-1}b + \dfrac{n(n-1)}{1\cdot 2}a^{n-2}b^2 + \cdots$ $\qquad\qquad + \dfrac{n!}{(n-r)!\,r!}a^{n-r}b^r + \cdots + b^n \qquad (n:\text{自然数})$
等差級数	$a + (a+d) + (a+2d) + \cdots + \{a+(n-1)d\}$ $= \dfrac{n}{2}\{2a+(n-1)d\}$
等比級数	$a + ar + ar^2 + \cdots + ar^{n-1} = \dfrac{a(1-r^n)}{1-r} \qquad (r \neq 1)$
対 数	$\log(xy) = \log x + \log y$ $\log\left(\dfrac{x}{y}\right) = \log x - \log y$ $\log x^n = n \log x$ $\log_{10} x = 0.43429\ \log x$ $\log x = 2.3026\ \log_{10} x$ $\log e = 1$ $\log 1 = 0$ (ただし、自然対数 $\log_e x$ を $\log x$ と書いた)

2. 三角法

$\sin(-A) = -\sin A$

$\cos(-A) = \cos A$

$\sin\left(\dfrac{\pi}{2} \pm A\right) = \cos A$

$\cos\left(\dfrac{\pi}{2} \pm A\right) = \mp \sin A$

$\sin(\pi \pm A) = \mp \sin A$

$\cos(\pi \pm A) = -\cos A$

$\sin(A \pm B) = \sin A \cos B \pm \cos A \sin B$

$\cos(A \pm B) = \cos A \cos B \mp \sin A \sin B$

$\tan(A \pm B) = \dfrac{\tan A \pm \tan B}{1 \mp \tan A \tan B}$

$\sin A \pm \sin B = 2 \sin \dfrac{1}{2}(A \pm B) \cos \dfrac{1}{2}(A \mp B)$

$\cos A + \cos B = 2 \cos \dfrac{1}{2}(A + B) \cos \dfrac{1}{2}(A - B)$

$\cos A - \cos B = -2 \sin \dfrac{1}{2}(A + B) \sin \dfrac{1}{2}(A - B)$

$\tan A \pm \tan B = \dfrac{\sin(A \pm B)}{\cos A \cos B}$

$\sin 2A = 2 \sin A \cos A$

$\cos 2A = \cos^2 A - \sin^2 A = 2\cos^2 A - 1$

$\sin^2 A + \cos^2 A = 1$

$1 + \tan^2 A = \sec^2 A = \dfrac{1}{\cos^2 A}$

$1 + \cot^2 A = \operatorname{cosec}^2 A = \dfrac{1}{\sin^2 A}$

$\sin \dfrac{A}{2} = \sqrt{\dfrac{1}{2}(1 - \cos A)}$

$\cos \dfrac{A}{2} = \sqrt{\dfrac{1}{2}(1 + \cos A)}$

オイラーの公式（i: 虚数単位）

$e^{ix} = \cos x + i \sin x$

$e^{-ix} = \cos x - i \sin x$

3. 微分

$\dfrac{d}{dx}(au) = a \dfrac{du}{dx}$

$\dfrac{d}{dx}(u \pm v) = \dfrac{du}{dx} \pm \dfrac{dv}{dx}$

$\dfrac{d}{dx}\{f(u)\} = \dfrac{d}{du}\{f(u)\} \dfrac{du}{dx}$

$\dfrac{d}{dx}(uv) = \dfrac{du}{dx}v + u\dfrac{dv}{dx}$

$\dfrac{d}{dx}\left(\dfrac{u}{v}\right) = \dfrac{\dfrac{du}{dx}v - u\dfrac{dv}{dx}}{v^2}$

$\dfrac{du}{dv} = \dfrac{\dfrac{du}{dx}}{\dfrac{dv}{dx}}$

$f(x)$	$\dfrac{d}{dx}f(x)$	$f(x)$	$\dfrac{d}{dx}f(x)$
x^n	nx^{n-1}	$\sin x$	$\cos x$
e^x	e^x	$\cos x$	$-\sin x$
e^{ax}	ae^{ax}	$\tan x$	$\sec^2 x$
a^x	$a^x \log a$	$\sin^{-1} x$	$\dfrac{1}{\sqrt{1-x^2}}$
x^x	$x^x(1 + \log x)$	$\cos^{-1} x$	$-\dfrac{1}{\sqrt{1-x^2}}$
$\log x$	$\dfrac{1}{x}$	$\tan^{-1} x$	$\dfrac{1}{1+x^2}$
$\log_{10} x$	$\dfrac{0.43429}{x}$		

$a \cdots$ 定数； $u, v \cdots x$ の関数

4. 積分

$a, b \cdots$ 定数； $u, v \cdots x$ の関数

$\int au\,\mathrm{d}x = a\int u\,\mathrm{d}x$	$\int u\dfrac{\mathrm{d}v}{\mathrm{d}x}\mathrm{d}x = uv - \int v\dfrac{\mathrm{d}u}{\mathrm{d}x}\mathrm{d}x$ （部分積分）
$\int (u+v)\,\mathrm{d}x = \int u\,\mathrm{d}x \pm \int v\,\mathrm{d}x$	$x = g(z),\quad \mathrm{d}x = g'(z)\,\mathrm{d}z\ \ $ ならば
	$\int f(x)\,\mathrm{d}x = \int f\bigl(g(z)\bigr)g'(z)\,\mathrm{d}z$ （置換積分）

❖ 不定積分（積分定数を省略）

$\int a\,\mathrm{d}x = ax$	$\int \sec ax\,\mathrm{d}x = \dfrac{1}{a}\log\tan\left(\dfrac{\pi}{4} + \dfrac{ax}{2}\right) = \dfrac{1}{2a}\log\dfrac{1+\sin ax}{1-\sin ax}$
$\int ax^n\,\mathrm{d}x = \dfrac{a}{n+1}x^{n+1}\ (n \neq -1)$	$\int \mathrm{cosec}\,ax\,\mathrm{d}x = \dfrac{1}{a}\sin\tan\dfrac{ax}{2} = -\dfrac{1}{2a}\log\dfrac{1+\cos ax}{1-\cos ax}$
$\int \dfrac{a}{x}\,\mathrm{d}x = a\log x$	$\int \sin^2 x\,\mathrm{d}x = \dfrac{x}{2} - \dfrac{1}{4}\sin 2x$
$\int e^{ax}\,\mathrm{d}x = \dfrac{1}{a}e^{ax}$	$\int \cos^2 x\,\mathrm{d}x = \dfrac{x}{2} + \dfrac{1}{4}\sin 2x$
$\int xe^{ax}\,\mathrm{d}x = \dfrac{x}{a}e^{ax} - \dfrac{e^{ax}}{a^2}$	$\int \dfrac{\mathrm{d}x}{\sqrt{a^2 - x^2}} = \sin^{-1}\dfrac{x}{\lvert a\rvert}$
$\int a^{bx}\,\mathrm{d}x = \dfrac{a^{bx}}{b\log a}$	$\int \dfrac{\mathrm{d}x}{\sqrt{x^2 + a^2}} = \log\left(x + \sqrt{x^2 \pm a^2}\right)$
$\int \log ax\,\mathrm{d}x = x\bigl(\log ax - 1\bigr)$	$\int \dfrac{\mathrm{d}x}{a^2 + x^2} = \dfrac{1}{a}\tan^{-1}\dfrac{x}{a}$
$\int \sin ax\,\mathrm{d}x = -\dfrac{1}{a}\cos ax$	$\int \dfrac{\mathrm{d}x}{a^2 - x^2} = \dfrac{1}{2a}\log\left\lvert\dfrac{a+x}{a-x}\right\rvert$
$\int \cos ax\,\mathrm{d}x = \dfrac{1}{a}\sin ax$	$\int \sqrt{a^2 - x^2}\,\mathrm{d}x = \dfrac{1}{2}\left(x\sqrt{a^2 - x^2} + a^2\sin^{-1}\dfrac{x}{a}\right)$
$\int \tan ax\,\mathrm{d}x = -\dfrac{1}{a}\log\bigl(\cos ax\bigr)$	$\int \sqrt{x^2 \pm a^2}\,\mathrm{d}x = \dfrac{1}{2}\left[x\sqrt{x^2 \pm a^2} \pm a^2\log\left(x + \sqrt{x^2 \pm a^2}\right)\right]$
$\int \cot ax\,\mathrm{d}x = \dfrac{1}{a}\log\bigl(\sin ax\bigr)$	

5. 近似式

$\lvert x \rvert$ が十分に小さいとき

(1) $(1+x)^a \approx 1 + ax + \dfrac{a(a-1)}{2}x^2$ (a:実数)

(2) $\sin x \approx x - \dfrac{x^3}{6},\quad \cos x \approx 1 - \dfrac{x^2}{2}$ (x:rad)

解　答

問 2.1　1.009×10^{-6} [m]

問 2.2　4.1×10^{-6} [eV]，4.1×10^{-1} [eV]

問 2.3　(1) 7.82×10^{-19} [J]，(2) 7.77×10^{-19} [J]

問 2.4　12.4×10^{3} [eV]，6.63×10^{-24} [kg·m/s]

問 2.5　11.4×10^{-12} [m]

問 2.6　3.97×10^{-15} [m]

問 2.7　5.5×10^{-11} [m]

問 2.8　粒子のとき 6.6×10^{-21} [m/s]，電子のとき 7.3×10^{6} [m/s]

問 3.1　486.01 [nm]

問 3.2　ボーア半径　$a = \dfrac{(6.63 \times 10^{-34})^2 \times 8.85 \times 10^{-12}}{3.14 \times 9.11 \times 10^{-31} \times (1.60 \times 10^{-19})^2} = \dfrac{388.5 \times 10^{-80}}{73.2 \times 10^{-69}}$

　　　　　　　　　$= 5.3 \times 10^{-11} = 0.53 \times 10^{-10}$　[m]

問 3.3　2.2×10^{6} [m/s]

問 3.4　スピン量子数は二つだけ。

問 3.5　電子と水銀原子との非弾性衝突の始まりを表していて，種々の電子状態のエネルギーに対応している。

問 4.1　速度の大きさは $\lambda \nu$ で，x 軸の負の向きに伝わる。

問 4.2　量子化されている。

問 4.3　4.1×10^{-3} [m]

問 4.4　$\left|\dfrac{B}{A}\right|^2 = 1$

　　　　入射粒子は最終的にはすべて反射される。しかし，$x \geq 0$ において右向きに進み去る粒子はないが，波動関数はこの領域にも粒子が入り込み，粒子が見出される確率がゼロではないことを示している。しかし，その粒子も最終的には反射する。

問 4.5　1個が完全に通り抜ける。反射するときも1個が完全に反射する。

問 6.1　$x' = x - vt$

　　　　$y' = y,\ z' = z,\ t' = t$

問 6.2　$v' = \dfrac{v-V}{1-\dfrac{Vv}{c^2}}$，$v$ と v' と取り替え，V を $-V$ に変えたものになる．

問 6.3　$0.994c$

問 6.4　$P = \dfrac{m_0 v}{\sqrt{1-v^2/c^2}}$，$v^2/c^2 \cong 0$ より $P = m_0 v$

参考文献

1. 飯島徹穂, 佐々木隆幸, 青山隆司：アビリティ物理 — 物体の運動 —, 共立出版, 1999.
2. 飯島徹穂, 佐々木隆幸, 青山隆司：アビリティ物理 — 電気と磁気 —, 共立出版, 2000.
3. 飯島徹穂, 佐々木隆幸, 青山隆司：アビリティ物理 — 音の波・光の波 —, 共立出版, 2001.
4. 佐藤勝彦 監修：「量子論」を楽しむ本, PHP 研究所, 2001.
5. E. シュポルスキー, 玉木英彦ほか訳：原子物理学 I, 東京図書, 1966.
6. 町田 茂：量子論の新段階, 丸善株式会社, 1986.
7. 小出昭一郎, 兵藤申一, 阿部龍蔵：物理概論下巻, 裳華房, 1987.
8. J. W. ケイン, M. M. スターンハイム, 石井千穎 監訳：ライフサイエンス物理学, 廣川書店, 1985.
9. 新羅一郎, 小松八郎：物理学通論, 共立出版, 1984.
10. 野村昭一郎：量子力学入門, コロナ社, 1973.
11. 徳岡善助, 木方 洋, 竹内 新, 小松崎 威：物理学, 学術図書, 1982.
12. 三谷健次：新編物理学, 廣川書店, 1967.
13. 原島 鮮：初等量子力学, 裳華房, 1987.
14. 松田卓也, 二間瀬敏史：なっとくする相対性理論, 講談社, 1996.
15. 戸田盛和：相対性理論 30 講, 朝倉書店, 1997.
16. HAM Journal シリーズ 2　GPS パケット通信を楽しもう, CQ 出版社, 1999.
17. 和田純夫：相対論的物理学のききどころ, 岩波書店, 1996.
18. 竹内 薫：ゼロから学ぶ相対性理論, 講談社, 2001.
19. 松田卓也, 木下篤哉：相性論の正しい間違え方, 丸善株式会社, 2001.
20. 小出昭一郎, 黒星榮一：物理科学のコンセプト 9　星と宇宙, 共立出版, 1998.
21. 志村史夫：こわくない物理学 — 物質・宇宙・生命 —, 新潮社, 2002.

索 引

ア

陰極線　33
エサキダイオード　64
エーテル　71
エネルギー
　── 準位　58
　── 等分配の法則　2
　── 量子　16

カ

干渉
　── 計　78
　── 縞　76
慣性質量　99
基底状態　40, 58
キルヒホッフの放射法則　14
原子
　── 核　36
　── 質量単位　97
　── スペクトル　36
　── 時計　71
　── 番号　37
光子　19
格子振動　8
光速度不変の原理　79
光電
　── 効果　18
　── 子　4, 18
黒体　14
コンプトン効果　23

サ

サイクロトロン放射　34
散乱　35
磁気量子数　44
仕事関数　19

質量数　37
重力質量　99
主量子数　44
シュレーディンガーの波動方程式　54
水晶時計　71
絶対温度　15
遷移　40
相対
　── 確率　3
　── 性原理　80

タ

中性子　37
超流動　10
定常状態　53
統計熱力学　2
ド・ブロイ波　27
トンネル効果　63

ナ

熱放射　14

ハ

波動関数　51
不確定性原理　30
複屈折　75
物質波　27
プランク
　── 定数　16
　── の熱放射式　15
ボーア
　── の量子条件　42
　── 半径　42
方位量子数　44
ボルツマン定数　15

マ

マイスナー効果　*8*

ヤ

誘導放出　*11*
陽子　*37*

ラ

量子数　*42*
　　磁気——　*44*
　　主——　*44*
　　方位——　*44*
励起状態　*40, 58*
ローレンツ収縮　*79*

飯島徹穂（いいじま　てつお）
　　東京理科大学卒
　　工学博士（北海道大学）
　　成蹊大学工学部助手，講師を経て
　　現在，職業能力開発総合大学校東京校教授

佐々木隆幸（ささき　たかゆき）
　　弘前大学卒
　　東京農工大学大学院修士課程修了
　　工学修士
　　現在，東北職業能力開発大学校附属青森職業能力開発短期大学校
　　　　　附属秋田職業能力開発短期大学校非常勤講師

青山隆司（あおやま　たかし）
　　名古屋大学卒
　　東北大学大学院理学研究科博士後期課程修了
　　理学博士（東北大学）
　　現在，福井工業大学工学部電気電子工学科主任教授

アビリティ物理 ── 量子論と相対論 ──	著　者　飯島徹穂
	佐々木隆幸
2002 年 11 月 25 日	青山隆司　　　© 2002
初版 1 刷発行	
2021 年　2 月 10 日	発　行　共立出版株式会社／南條光章
初版 7 刷発行	東京都文京区小日向 4-6-19
	電話　03-3947-2511（代表）
	〒112-0006／振替口座 00110-2-57035
	www.kyoritsu-pub.co.jp
	印　刷　㈱加藤文明社
	制　作　㈱グラベルロード
	製　本　協栄製本

検印廃止
NDC 420, 429, 429.6
ISBN 978-4-320-03420-4

一般社団法人　自然科学書協会　会員

Printed in Japan

JCOPY ＜出版者著作権管理機構委託出版物＞
本書の無断複製は著作権法上での例外を除き禁じられています．複製される場合は，そのつど事前に，出版者著作権管理機構（TEL：03-5244-5088，FAX：03-5244-5089，e-mail：info@jcopy.or.jp）の許諾を得てください．

物理学の諸概念を色彩豊かに図像化！

カラー図解
物理学事典

Hans Breuer [著]　Rosemarie Breuer [図作]
杉原　亮・青野　修・今西文龍・中村快三・浜　満 [訳]

菊判・ソフト上製本・412頁・定価(本体5,500円＋税)

ドイツ Deutscher Taschenbuch Verlag 社の『dtv-Atlas 事典シリーズ』は、"見開き2ページ"で1つのテーマが完結するように構成されている。右ページに本文の簡潔で分り易い解説を記載し、左ページにそのテーマの中心的な話題を図像化して表現し、読者がより深い理解を得られように工夫されている。これは、類書には見られない dtv-Atlas 事典シリーズに共通する最大の特徴と言える。

本書は、この事典シリーズのラインナップ『dtv-Atlas Physik』の翻訳版であり、基礎物理学の要約を提供するものである。内容は、古典物理学から現代物理学まで物理学全般をカバーしている。使われている記号、単位、専門用語、定数は国際基準に従っている。読者対象も幅広く想定されており、中学・高校生から大学生、教師、種々の分野の技術者まで、科学に興味を持つ多くの人々が利用できる事典である。

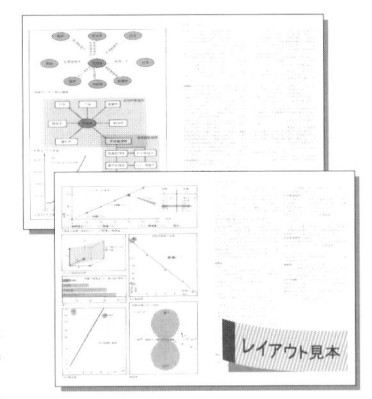

レイアウト見本

主な目次

● **はじめに**　物理学の領域／数学的基礎／物理量、SI単位系と記号／物理量相互の関係の表示／測定と測定誤差／他

● **力　学**　時間と時間測定／長さ、面積、体積、角度／速度と加速度／落下と投射／質量と力／円運動と調和振動／他

● **振動と波動**　振動／振動の重ね合わせと分解／固有振動と強制振動／波動／波動の重ね合わせ／ホイヘンスの原理／他

● **音　響**　音と音源／音速と音波出力／聴覚、音の大きさ／音のスペクトル、音の吸収

● **熱力学**　温度目盛と温度定点／熱量計と熱膨張／等分配則／熱容量／物質量／気体の法則／熱力学第一法則／比熱の比／他

● **光学と放射**　光の伝播／反射と鏡／屈折／全反射／分散／光の吸収と散乱／レンズ／光学系／レンズの収差／結像倍率他

● **電気と磁気**　電荷／クーロンの法則／電場と電気力線／電位と電位差／電気双極子／電気導体／静電誘導／電気容量／他

● **固体物理学**　固体／元素周期表／結晶と格子／結晶／固体中の電気伝導／格子振動：フォノン／半導体／他

● **現代物理学**　空間、時間、相対性／相対論的力学／一般相対論／重力波の検証／古典量子論／量子力学／素粒子／他

● **付　録**　物理学の重要人物／物理学の画期的出来事／ノーベル物理学賞受賞者
● **人名索引／事項索引**

http://www.kyoritsu-pub.co.jp/

共立出版

（価格は変更される場合がございます）